Lärmminderung

Umwelt Aktuell Heft 5

Texte der Vortragsreihe zu "Umwelt 72"

Stuttgart, 30. Juni bis 9. Juli 1972

Herausgegeben von den Universitäten

Stuttgart und Hohenheim

Schriftleitung: Dr.-Ing. F. Steimle

Lärmminderung

Vorträge vom Donnerstag, dem 6. Juli 1972

Leitung: Professor Dr. K. Gösele, Stuttgart

1973

Verlag C.F. Müller, Karlsruhe

ISBN 3-7880-7048-X

(c) 1973 Verlag C.F. Müller, Karlsruhe

Best.-Nr. 127 7048

Gesamtherstellung: C.F. Müller, Großdruckerei
und Verlag GmbH, Karlsruhe

INHALTSVERZEICHNIS

LÄRMMINDERUNG - MEDIZINISCHE ASPEKTE

von Prof. Dr. med. W. Klosterkötter
Institut für Hygiene und Arbeitsmedizin Universitäts-Klinikum
der Gesamthochschule Essen

Lärm ist unerwünschter oder gesundheitsschädlicher Schall. Für
eine rationale Lärmminderung ist die Aufstellung von Immissions-
Richtwerten für Geräusche erforderlich; diese Aufgabe wiederum
ist auf die Lärmwirkungen abzustellen, wobei die unterschiedlichen
Schwellenbereiche für die Auslösung von Lärmwirkungen zu berücksichtigen sind.

Will man das Lärmproblem unter medizinischen Aspekten abhandeln,
so muß die Gesundheitsdefinition der WHO (1946) vorangestellt
werden: "Gesundheit ist ein Zustand vollkommen körperlichen, psychischen und sozialen Wohlbefindens, und nicht nur die Abwesen-
heit von Krankheit und Schwäche". Man muß also das Wohlbefinden
des Menschen in den Mittelpunkt stellen. Zur Zeit besteht noch eine Art Dauerauftrag an die mit Lärmfragen befassten Mediziner,
nachzuweisen, daß Lärm krank mache; in Verbindung damit erwarte
man von uns, daß wir angeben, wieviel Lärm man dem Menschen zumuten kann, ohne daß er krank wird. Diese Fragen sind einfach falsch
gestellt. Beeinträchtigung des Wohlbefindens durch Lärm - flüchtig
oder anhaltend, selten oder häufig - erleben zweifellos heute sehr
viele Menschen; dies ist jedoch nicht gleichbedeutend mit Krankheit im ärztlichen oder sozialrechtlichen Sinne. Man mag allen-
falls im Sinne der WHO-Definition sagen, daß Beeinträchtigung des
Wohlbefindens Gesundheitsminderung bedeute; doch wäre die Defini-
tion auch damit wohl schon überstrapaziert. Allerdings kann man unter Zuhilfenahme von Hypothesen - so aus dem psychosomatischen
Denkansatz und der "Stress-Theorie" - begründbar behaupten, daß
lärmbedingte Störungen des Wohlbefindens Krankheitswert gewinnen
oder bei der Entwicklung von Krankheiten mitwirken können; im Ein-
zelfalle ist die Beweisführung jedoch in der Regel schwierig. Wir
sind der Meinung, daß die konkret erlebte Beeinträchtigung des
Wohlbefindens durch Lärm - unabhängig davon, ob dies potentiell
pathogen ist oder nicht - als solche ernst genommen werden muß.

Wir müssen uns auch weigern, Angaben zu machen, wieviel lärmbedingte Beeinträchtigung des Wohlbefindens man den Menschen zumuten kann; eine aufgezwungene Beeinträchtigung des Wohlbefindens ist grundsätzlich unzumutbar. Der Arzt kann also nur fordern, daß die akustischen Umweltverhältnisse so erhalten oder so gestaltet werden, daß gewisse Lärmwirkungen nicht auftreten. Die relevanten Lärmwirkungen lassen sich folgendermaßen gliedern:

1. Schädigung und Zerstörung der schallempfindlichen Sinneszellen des Innenohrs durch langzeitig einwirkende oder impulsartig auftretende Geräusche oberhalb einer kritischen Intensität;

2. Behinderung der Kommunikation und der allgemeinen Orietierung in der akustischen Umwelt durch Störgeräusche;

3. Belästigung durch Lärm;

4. Aktivierung des zentralen und des vegetativen Nervensystems einschließlich Schlafstörung und Störung des Bedürfnisses nach Ruhe und Entspannung;

5. Behinderung oder Beeinträchtigung bestimmter Leistungen.

Die Schädigung und Zerstörung der schallempfindlichen Zellen in der Schnecke des Innenohrs führt zur Lärmschwerhörigkeit. Diese zählt heute zu den häufigsten entschädigungspflichtigen Berufskrankheiten. 1970 wurden 2007 Fälle gemeldet und 622 Fälle erstmalig entschädigt. Außenberuflich kommt es vor allem deshalb nur selten zu lärmbedingten Hörschädigungen, weil die zeitliche Belastung mit gehörschädlichem Lärm in der Regel wesentlich geringer ist als in den gewerblichen und industriellen 'Lärmbetrieben'. Amerikanische Autoren (Glorig u. Nixon; Cohen, Anticaglia u. Jones) diskutieren zwar, daß die außerberufliche Lärmbelastung in Industrienationen eine wesentliche Teilursache des mit steigendem Alter zunehmenden Hörverlustes sei - man hat hierfür den Begriff "Sociocusis" geprägt - die Frage ist jedoch noch nicht schlüssig zu beantworten.

In Gesetzen und Richtlinien verschiedener Länder wird ein aequivalenter Dauerschallpegel - bezogen auf die 8-Stunden-Schicht -

von 9o dB(A) als Richt- oder Grenzwert für gehörschädlichen
Lärm angenommen. Dies ist ein pragmatischer Kompromiss; Hörschäden in geringer Zahl kommen auch noch bei vieljähriger Belastung mit Geräuschen zwischen 8o und 9o dB(A) vor. Möglicherweise handelt es sich hierbei um Menschen mit einem besonders
anfälligen Hörorgan. Leider gibt es noch keine brauchbare
Methode, mit der man das vor Aufnahme der Lärmarbeit erkennen
kann.

Nach der ISO-Empfehlung R 1999-1971 (E) (ISO = Internationale
Standardisierungs-Organisation) liegt die obere Grenze für das
Null-Risiko lärmbedingter Hörschäden bei einem Dauerschallpegel
von 8o dB(A). Dies ist übrigens ein Wert, bei dem sich eine durch
stärkere Lärm verursachte Vertäubung wieder zurückbilden kann
(Gehörerholung); insoweit ist dieser Wert gut begründet. Wenn
man bestimmte audiometrische Kriterien zugrundelegt - in der
ISO-R 1999-1971 ist das ein gemittelter Hörverlust in den
Audiometerfrequenzen 5oo, 1ooo und 2ooo Hz von mindestens 25 dB-
dann ergibt sich nach 35 Expositionsjahren (53 Lebensjahre) ein
solcher Hörverlust bei 8o dB(A) in 21 % (Altershörverlust); bei
85 dB(A) in 3o % (Zusatz-Risiko also 9 %) und bei 9o dB(A) in
41 % (Zusatz-Risiko also 2o %).

Aus medizinischer Sicht ist der gebräuchliche Richtwert von
9o dB(A) (aequivalenter Dauerschallpegel, 8 Stunden-Sicht) nicht
befriedigend. Bei allen betrieblichen Lärmminderungsmaßnahmen
(lärmarme Arbeitsverfahren, Kapselung, Dämmung, Dämpfung, organisatorische Maßnahmen, Lärmpausen u.a.) und ggf. durch persön-
liche Schallschutzmaßnahmen (Gehörschützer) muß ein Belastungs-
wert von weniger als 85 dB(A) angestrebt werden. Man kann allerdings mit Hilfe der vorgesehenen audiometrischen Überwachungs-
untersuchungen (VDI-Richtlinie 2o58, Blatt 2) besonders Gehör-
gefährdete unter Umständen frühzeitig erkennen und somit auch
bei Geräuschpegeln von 9o dB(A) und mehr eine Risiko-Minderung
erzielen. Die Innenohrschädigung durch Dauerlärm ist Folge einer
Stoffwechselüberlastung der Hörsinneszellen; diese sterben ge-
wissermaßen infolge Überarbeitung. Bei Belastung mit Impuls-
schall, der hohe Schallpegelspitzen im Mikro- bis Millisekunden-

3

bereich aufweist (Schuß-Knalle, Hammerschläge, Aufeinander-
prallen von Metall), ist nach Dieroff ein anderer Schädigungs-
mechanismus anzunehmen, es erfolgen unmittelbare mechanische
Deformierungen durch die kurzen hohen Druckwellen in der
Innenohrflüssigkeit. Die Gefährdungsschwelle scheint bei 125 dB
zu liegen; jedoch bedarf dieser Problemkreis noch weiterer
Forschungen. Die höchsten Impulsschallspitzen (165 bis 185 dB
im Millisekundenbereich) treten im militärischen Bereich
(Schußwaffen) auf. Hier ist das ungeschützte Ohr direkt gefährdet, es müssen optimale Gehörschützer getragen werden.

Die Schallschädigung des Hörorgans ist die einzige definierte
Lärmkrankheit, die unmittelbar auf Lärmeinwirkung zurückzuführen ist. Die Verhütung lärmbedingter Hörverluste, die das soziale Gehör (Sprachfrequenzen, Kommunikationsstörung) betreffen,
ist eine wichtige technisch-medizinische Aufgabe.

Die Gesetzmäßigkeiten der Behinderung der sprachlichen Kommunikation durch Störgeräusche (Verkehrsgeräusche, Bürogeräusche,
Arbeits- und Industriegeräusche u.a.) sind eingehend untersucht
worden (Lit. bei Harris und Kryter). Dabei sind folgende Fakto-
ren von Bedeutung: der Sprachschallpegel ("Lautstärke" der
Sprache = intime Konversationssprache in 1 m Entfernung 5o dB(A);
Umgangssprache 55 bis 65 dB(A); Vortragssprache 7o dB(A) u.a.),
der zur Sprachverständlichkeit beitragende Frequenzbereich der
Sprache (2oo bis 6.1oo Hz), die Frequenzzusammensetzung der
Störgeräusche, die Sprecher-Hörer-Distanz, Vertrautheit bzw.
Unvertrautheit des verwendeten Vokabulars, und schließlich die
reflektierenden oder absorbierenden Eigenschaften des
Kommunikationsraumes.

Die Methoden zur Abschätzung der Sprachinterferenz von Störgeräuschen basieren auf dem Zusammenhang zwischen Silben- und
Satzverständlichkeit. Bei komplizierten Verfahren mißt man das
Störgeräusch in 2o Oktavbändern (Articulation Index), bei ein-
facheren Verfahren bestimmt man die Sprachinterferenz von drei
relevanten Oktavbändern, z.B. 3oo bis 2.4oo Hz. Auch die Bestimmung des A-bewerteten Schallpegels (dB(A)) gibt einigermaßen

befriedigende Resultate. Nach Grandjean muß der Störgeräuschpegel bei vertrautem Vokabular etwa 1o dB(A) unter dem Sprachschallpegel liegen, wenn volle Satzverständlichkeit gewährleistet sein soll; bei unvertrautem oder fremdsprachlichen Vokabular ist eine Differenz von etwa 2o dB(A) erforderlich. In einem
lauteren Störgeräuschmillieu hebt der Sprecher seine Sprachlaut-
stärke unwillkürlich an (etwa 3 dB pro 1o dB höherem Störgeräusch).

Die Sprachinterferenz von Störgeräuschen kann sehr lästig sein;
Rückfragen und Wiederholungen sind ärgerlich; es kann zu
Spannungen zwischen den Kommunikationspartnern kommen. Sind
Sprechen und Hören wichtige Komponente einer beruflichen Leistung, so kann die geräuschbedingte Behinderung zur Leistungs-
minderung führen. Unter höheren Störgeräuschpegeln wird die erforderliche Anhebung der Sprachschallpegel auf die Dauer als
anstrengend empfunden; die Überanstrengung des Stimmorgans kann
zu Kehlkopfbeschwerden und Heiserkeit führen. Man wird also be-
strebt sein müssen, die Lärmminderung im Kommunikationsmillieu
darauf abzustellen, daß mit einem Sprachaufwand gesprochen werden
kann, der noch nicht als anstrengend empfunden wird und daß der
Verlust an Silbenverständlichkeit möglichst gering und damit die
Satzverständlichkeit möglichst groß ist. Im privaten Kommunikationsmillieu des Menschen muß eine optimale Satzverständlichkeit
auch bei ruhiger Konversationssprache gefordert werden (Wohnbereich); dies gilt auch für das Verstehen massenmedialer Sen-
dungen (Rundfunk und Fernsehen), es kommt nicht selten vor, daß
wichtige Passagen oder Pointen durch das Geräusch eines Flugzeugs
oder Kfz-Geräusche maskiert werden. Das ist besonders ärgerlich,
weil man nicht um Wiederholung bitten kann. Stellt man die Geräte
wegen des Störgeräuschpegels lauter ein, so kann es bei nicht
optimaler Schalldämmung von Trennwänden zur Belästigung in der
Nachbarwohnung kommen.

Bei unvermeidbaren starken Störgeräuschen (im Arbeitsbereich)
kann es erforderlich sein, ein einfaches, standardisiertes Vokabular zu verwenden, damit der Verlust wichtiger Informationen
vermieden wird; in Extremfällen müssen die Kommunikationsaufgaben

mit Hilfe von Gehörschutzkapseln mit eingebauten Kopfhörern ermöglicht werden..

Man kann im Kommunikationsbereich neutrale Störgeräusche be-
wußt einsetzen - z.B. über Lautsprecher einspielen -, um die
Privatheit der Sprache in Großraumbüros oder in ungenügend
schallgedämmten Räumen (Türen, Trennungswände) zu sichern (Schutz
vor Mithören Dritter). Auch kann man damit die erfahrungsgemäß
stark störenden informationshaltigen Geräusche, die von anderen
Arbeitsplätzen ausgehen (Sprachbruchstücke u.a.) maskieren
(Waller; Völker). Mit einem Störgeräusch von 55 dB(A) ist z.B.
eine befriedigende Kommunikation im Nahfeld gewährleistet, in
mehr als 2 bis 3 m Entfernung ist der Maskierungseffekt jedoch
schon beträchtlich.

Es gehört zu den wichtigen Bedürfnissen des Menschen, sich jeder-
zeit angemessen in der akustischen Umwelt orientieren zu können,
also die Orientierungs- und Informationssignale wahrzunehmen, die
für sein Verhalten und seine Intentionen von Bedeutung sind.
Hierzu gehören auch eventuelle Gefahrensignale. Da Lautstärke,
Frequenzzusammensetzung und Quelle solcher Geräusche sehr ver-
schiedenartig sind, läßt sich kein für alle Fälle zutreffender
Orientierungs-Interferenzpegel angeben; dies ist bei dem einigermaßen limitierten Bezugssystem "Sprache" besser möglich. Für
manche Intentionen und Situationen müssen die Störgeräuschpegel
niedriger sein als die bekannten Sprachinterferenzpegel, wenn
man den Verlust wichtiger Informationen vermeiden will. Abgese-
hen von den möglichen Folgen solcher Informationsverluste ist
allein schon die Sorge psychisch belastend, wegen des vorhandenen Störgeräuschpegels für die Orientierung wichtige Geräusche
überhören zu können. Man wird diesen Komplex bei der Lärmminderung berücksichtigen müssen.

Die zahlenmäßig bedeutendste Lärmwirkung ist die Belästigung
durch unerwünschten Schall. Das Ausmaß kann man - wenn auch mit
gebotener Vorsicht - bei Befragungsaktionen erkennen. So ergab
eine Studie des Allensbacher Instituts für Demoskopie (Kirsch-
hofer, 1969), daß sich in der BRD rund 43 % der Bevölkerung mehr

oder weniger häufig durch Lärm gestört fühlen, was bei der Hochrechnung 2o Millionen Menschen entspricht. Als sehr lärmempfindlich bezeichneten sich 22 % und als etwas lärmempfindlich 31 % der befragten Personen. Nach Altersgruppen gegliedert waren sehr lärmempfindlich von den 16 bis 29-jährigen 15 %, von den 3o bis 44-jährigen 19 %, von den 45 bis 59-jährigen 24 % und von den über 6o-jährigen 34 %. Über Straßenlärm klagten im Mittel 3o % der Testpersonen, von den Anwohnern einer Hauptverkehrsstrasse sogar 67 %. 39 % der Bewohner von Mietshäusern beklagten sich darüber, daß man durch die Trennwände zu viel Nachbarschaftsgeräusche höre.

Es gibt zahlreiche weitere Belästigungsstudien, teils mit und teils ohne gleichzeitige Erfassung der Geräuschpegel; beispielhafte sind die Untersuchungen in Zentral-London 1961/62 (Final Noise Report) und in Wien (Bruckmayer u. Lang). In Köln fanden Guthof et al., daß sich von 223 erwachsenen Personen, die innerhalb ihrer Wohnungen bei geschlossenen Fenstern Geräusch-Immissionen von 47 bis 52 dB(A) und bei geöffneten Fenstern von 63 bis 68 dB(A) ausgesetzt waren, 57 % durch Straßenlärm belästigt wurden.

Belästigungserlebnisse sind jedem aufgrund von Eigenerfahrung bekannt. Dies bietet einem Untersucher die Möglichkeit, diese rein subjektive Empfindung zu verstehen. Nach Hawel ist jeder Schall dann und nur dann belästigend, "wenn er von einer Bezugsperson als nicht mit ihren augenblicklichen Intentionen übereinstimmend erlebt wird". In Wehrle-Eggers "Deutscher Wortschatz" finden sich "Belästigung" und "belästigen" unter den Stichworten "Schlechtigkeit" und "Unannehmlichkeit" aufgeführt. Dazu gehört ein ganzer Komplex von Assoziationen, wie: ärgern, reizen, auf die Nerven gehen, foltern, nervös machen; störend, ärgerlich, unausstehlich, unangenehm, unerträglich u.s.w. Es handelt sich also um ausgesprochen negative Empfindungen mehr oder minder schweren Grades.

Die Frage der quantitativen Beziehungen zwischen Geräuscheigenschaften und Belästigungswirkung ist sehr komplex. Belästigungs-

effekte können ausschließlich oder zumindest überwiegend von
meßbaren Eigenschaften der Geräusche abhängen: von der Intensität (Lautstärke), von der Frequenzzusammensetzung, von der
Impulshaltigkeit, von der Häufigkeit und Größe der Pegelschwankungen, von der Geräuschdauer und von der Dauer des Anschwel-
lens. Feste Relationen zwischen physikalischen Meßwerten und
subjektiven Empfindungen lassen sich jedoch kaum angeben; immer-
hin begeben wir uns häufig - als Ausdruck der Lebensfreude und
in Entfaltung der Persönlichkeit - in Geräuschverhältnisse, die
den Schwellenbereich von gehörschädlichem Lärm überschreiten.
Man muß fast immer zusätzliche, nicht-physikalische Faktoren berücksichtigen, wenn man Belästigungserlebnisse verstehen und die
dazu führenden Bedingungen beurteilen will. Solche Faktoren sind:
augenblickliche Intentionen, das Bewußtsein der Angemessenheit
der Geräusche in der jeweiligen Umwelt (Wohnbereich tagsüber und
nachts, Straße, Arbeitsbereich, Erholungs- und Freizeitbereich),
Ansprüche an die Umweltgüte, Einstellung zum Lärmerzeuger (Lärm
als Indiz für rücksichtsloses Verhalten u.a. (Sader)); Einstellung zur Geräuschquelle, zur Technik, zum "System", zur Kirche
(Glockenläuten); kurzfristige oder langzeitige Vorerfahrungen
des Betroffenen mit den infragekommenden Geräuschen; Informations-
haltigkeit und Bedeutungshintergrund der Geräusche; Gewöhnung,
individuelle Unterschiede der Geräuschempfindlichkeit. Manchmal
ist die , eine Belästigung auslösende Schallenergie so gering,
daß von Proportionalität des physikalischen Ereignisses und der
psychischen Empfindung nicht mehr die Rede sein kann.

Belästigung bedeutet Beeinträchtigung des Wohlbefindens; des
psychischen Wohlbefindens auf jeden Fall, nicht selten aber auch
des physischen und sozialen Wohlbefindens. Eine häufig sich wie-
derholende oder unausweichliche und chronische Störung des Wohlbefindens mag bei entsprechend empfänglichen Menschen ein stress-
ähnlich mitwirkender Krankheitsfaktor sein; eine definierte
Lärmkrankheit (außer Lärmschwerhörigkeit) mit spezifischer Symp-
tomatik ist jedoch bisher nicht bekannt. Am ehesten wird man
als Folge der häufigen oder unausweichlichen Einwirkung unerwünsch
ter Geräusche Nervosität und Reizbarkeit finden können.

Die Lärmminderung muß sich nach den Schwellen für die Auslösung
von Belästigung richten und dabei die situativen Gegebenheiten,
die verschiedenen Funktionsbereiche (Wohnen, Schlafen, Ausruhen,
Kommunikation und Kulturgenuß, geistige Beanspruchung, sonstige
Arbeitsbeanspruchung u.s.w.), die Erwartungen und die Gewöhnung
berücksichtigen. In Deutschland gibt es bisher fast ausschließlich schematische Immissions-Richtwerte für Außengeräusche
(o,5 m vor dem offenen Fenster gemessen), die nach Nutzungsarten
und Gebietszuordnungen gegliedert sind. Natürlich kann man daraus
die innerhalb von Aufenthaltsräumen resultierenden Geräuschpegel
berechnen: bei geöffnetem Fenster beträgt die Differenz im Mittel
1o dB(A), bei geschlossenem Einfachfenster 15 bis 2o dB(A). Wir
benötigen unbedingt allgemein akzeptierte Richtwerte für Innengeräuschpegel. In der im 4. Entwurf vorliegenden VDI-Richtlinie
2569 "Beurteilung von Verkehrsgeräuschen" sind solche Vorschläge
enthalten. Es bedarf keiner Frage, daß die Funktionsbereiche
"Wohnen" (mit allen dazugehörenden Aktivitäten), "Schlafen",
"Ausruhen und Entspannen", "Freizeit" in besonderem Maße durch
Lärm störbar sind. Die Ermittlung der Belästigungsschwellen muß
sich also vor allem mit diesen Funktionen befassen, die unter
unseren Lebensgewohnheiten überwiegend innerhalb von Aufenthaltsräumen ablaufen. Wo immer es möglich ist, muß erreicht
oder erhalten werden, daß die für Aufenthaltsräume (Tag, Nacht)
aufzustellenden Immissions-Richtwerte bei geöffneten Fenstern
gewährleistet werden können. Nur unter unabänderlich ungünstigen Außengeräuschbedingungen ist der Schallschutz durch ange-
messene Fensterkonstruktionen in die Überlegungen einzubeziehen.
Den bisher vorliegenden Belästigungsstudien ist zu entnehmen,
daß die Innengeräuschpegel (aequivalente Dauerschallpegel) in
Schlafräumen nachts im Bereich von 25 bis 3o dB(A) und in Wohnräumen tagsüber bei 35 bis höchstens 4o dB(A) liegen sollten.
Möglicherweise werden solche Werte für die - nach einigen Studien - etwa 1o % extrem lärmempfindlichen Menschen noch oberhalb der Belästigungsschwelle liegen. Es ist fraglich, ob man
unter städtisch-industriellen Lebensbedingungen noch niedrigere
Werte erreichen kann. Schallreize bewirken eine Aktivierung
(arousal) des zentralen und vegetativen Nervensystems. Um dies
zu verstehen, muß man sich einmal die Zweigleisigkeit der

Weiterleitung von Schallreizen und zum anderen die Vermaschung der verschiedensten Gehirnstrukturen untereinander und mit dem vegetativen Nervensystem und dem System der Hormondrüsen vergegenwärtigen.

Der Hörnerv zieht über mehrere Schaltungen zur bewußtseinsfähigen Großhirnrinde. Dort eintreffende Schallreize werden gehört, analysiert und je nach Bedeutungsgehalt bzw. Information verarbeitet. Unter Mitwirkung angeschlossener anderer Gehirnstrukturen, vor allem des aufsteigenden Aktivierungssystems im Hirnstamm - Formatio reticularis genannt -, können Schallreize mit entsprechendem Bedeutungsgehalt kräftig aktivierend wirken, wodurch die Wachheit erhöht wird (corticales arousal), die vegetative Spannungslage in Richtung "Sympathicotonie" bzw. "Ergotropie" umgeschaltet wird (autonomes arousal) und die spontane elektrische Muskelaktivität bzw. Muskelspannung erhöht wird (motorisches arousal); ferner können bestimmte Hormondrüsen - so vor allem die Nebenniere - vermehrt chemische Stoffe (Katecholamine) abgeben, die als Überträgersubstanzen für das vegetative Nervensystem von Bedeutung sind. Die Aktivierung kann auch jene Gehirnstrukturen einbeziehen, die für affektives Verhalten und emotionelle Reaktionen zuständig sind. Der bewußte Geräuschverarbeitungsprozeß kann aber auch zur Hemmung der Aktivierungsreaktion führen, was bei bekannten und erwarteten Geräuschen eine große Rolle spielen mag.

Der zweite Weg der Schallreizleitung führt über vom Hörnerven abgezweigte Nervenbahnen unmittelbar in die Formatio reticularis. Diese steuert vor allem den Aktivierungspegel des Organismus, der vom Schlafzustand über verschiedene Wachheitsgrade bis zur maximalen Aktivierung im Schreckzustand reicht. Die nicht bewußtseinsfähige Formatio reticularis reagiert vor allem auf Reizdifferenzen durchlaufender Reize; im reizarmem Milieu sinkt ihre Eigenspannung, wodurch erklärbar ist, daß monotone Geräusche einschläfernd wirken können. Die gesamte oben beschriebene Aktivierungsreaktion kann ohne primäre Beteiligung des Bewußtseins von der durch Schallreize erregten Formatio reticularis ausgelöst werden. Dies spielt z.B. in der freien

Wildbahn eine entscheidende Rolle für die Sicherung gegen
"Feinde" im Schlaf; der Reizerfolg besteht in der sofortigen
Herstellung voller Aktionsbereitschaft (Flucht, Angriff, Ab-
wehr u.s.w.). Jansen konnte zeigen, daß bestimmte Reaktionen
des Hautgefäßsystems (Reduktion der Fingerpulsamplitude durch
Schallreize) im Schlaf eine um 15 dB niedrigere Reizschwelle
haben; Jung fand dies auch für andere Reiz-Reaktionssysteme.
Man kann das darauf zurückführen, daß im Schlaf keine Hemm-
wirkung von der Großhirnrinde auf die Formatio reticularis aus-
geübt wird, wodurch dieses Aktivierungssystem sinnvollerweise
im Schlaf empfindlicher ist (Lit. bei Broughton et al.).

Man hat bei Lärmversuchen am Menschen folgende vegetative,
zentralnervöse und corticale Reaktionen gefunden, die als Ausdruck von Aktivierung (arousal) gedeutet werden können: Verminderung der Magenbewegungen, der Magensaft- und Speichelpro-
duktion, Erweiterung der Pupillen, vorübergehendes Ansteigen
des Blutdrucks, mäßige Verminderung des Herzschlagvolumens,
Änderung der Herzperiodendauer und der Atemfrequenz, Herab-
setzung des elektrischen Hautwiderstandes, Verengerung der
Endstrombahn der Hautgefäße, Steigerung der Muskelspannung,
Veränderung der elektrobiologischen Vorgänge im Gehirn (Akti-
vierungsbilder im Elektroencephalogramm) (Lit. bei Kryter,
Jansen, Klosterkötter). Die Reizschwellen liegen teils recht
hoch; so erfolgt die Fingerpulsamplituden-Reaktion, die sehr
häufig untersucht worden ist, erst bei 7o bis 75 dB; teils
liegen sie sehr niedrig; wir konnten z.B. in eigenen umfangreichen Untersuchungen zeigen, daß die Reaktion des elektrischen
Hautwiderstandes bereits dann eintritt, wenn der Schallreiz
den vorhandenen Grundgeräuschpegel (z.B. 3o dB(A)) um nur
3 bis 6 dB(A) überschreitet.

Diese häufig zitierten "vegetativen Reaktionen" sind normale
Reiz-Reaktionen, sie sind nicht lärmspezifisch und nicht krankhaft und sie treten auch dann auf, wenn die experimentellen
Geräusche nicht als belästigend angegeben werden. Wir konnten
bei Anwendung eines extrem unangenehmen Wobbelgeräusches sogar zeigen, daß dieses keine stärkere Reaktion des Hautkreis-

laufes bewirkte als ein gleichlautes neutrales weißes Rauschen. Man wird sich abgewöhnen müssen, in der populärwissenschaftlichen Lärmliteratur unter Hinweis auf die aufgeführten physiologischen Reaktionen von "Kreislaufschädigung", "Schädigung des vegetativen Nervensystems" u.s.w. zu sprechen. Es soll jedoch noch dargelegt werden, daß und weshalb diese Aktivierungsreaktionen unter bestimmten Bedingungen als ungünstig bewertet werden müssen.

Eine sehr unerwünschte, bedenkliche und häufige Sonderform der Aktivierung ist die Weckreaktion beim schlafenden Menschen; ferner gehören die Einschlaf- und Wiedereinschlafstörungen hierher. Die Weckschwellen sind inter- und intraindividuell sehr unterschiedlich. Sie hängen ab von der Geräuschart, vom elektroencephalographischen Schlafstadium, von der Nachtzeit, von der angesammelten Schlafzeit, von der Summe des vorausgegangenen Schlafentzugs und von Vorerfahrungen mit dem störenden Geräusch. Gewöhnungsphänomene scheinen eine bedeutende Rolle zu spielen. Ältere Menschen haben niedrigere Weckschwellen als jüngere, weil mit dem Alter die weckresistentere Tiefschlafzeit und Tiefschlaffähigkeit abnimmt. Jenseits des 60. Lebensjahres fehlen Tiefschlafphasen weitgehend. Aus flacheren Schlafphasen kann man leichter geweckt werden. Bei Experimenten mit Überfluggeräuschen von - umgerechnet - 94 dB(A) ergaben sich folgende Aufwach- Prozentsätze: bei 7- und 8-jährigen 0,9 %, bei 41 bis 54-jährigen 10,5 % und bei 69 bis 72-jährigen 72,2 % (Lukas u. Kryter).

Die elektroencephalographische Schlafanalyse (Lit. bei Williams et al., Jansen, Kryter) hat auch bei nichtaufwachenden Menschen subtile Schlafstörungen durch Lärm aufgedeckt. Man findet kurzfristige oder länger anhaltende Änderungen der Hirnstromkurven in Richtung "Aktivierung", der Schlaf wird flacher, die Verweilzeit im Tiefschlaf wird vermindert. Thiessen fand bei Experimenten mit LKW-Geräuschen von 40 bis 70 dB(A), daß 40 bis 45 dB(A) in mehr als 10 % der Fälle zu einer Schlafabflachung oder zum Aufwachen führten; bei 50 dB(A) fanden sich Schlafabflachung oder Aufwachen zu 50 %; bei 70 dB(A) war Aufwachen die

häufigste Reaktion; die Wahrscheinlichkeit, daß bei 7o dB(A) kei-
nerlei Reaktion auftritt, ist gering. Otto konnte bei schlafenden Versuchspersonen, die Reizen von 6o dB ausgesetzt wurden
zeigen, daß diejenigen, die Gehörschutzwatte trugen, längere
Tiefschlafzeiten und seltenere kurzfristige Wachzeiten aufwie-
sen als diejenigen ohne Gehörschutz. Nach Gädeke et al. führte
eine Schallintensität von 75 dB bei zwei Dritteln aller Kinder,
die nachts während ihres Tiefschlafs diesem Lärm ausgesetzt
waren, zum Erwachen.

Es gibt zahlreiche Untersuchungen über die Beeinflussung des
Schlafes und seiner einzelnen Phasen durch Schallreize; leider
befinden sich darunter nur relativ wenige Arbeiten, die unmittelbar auf die Umweltschutzproblematik, das heißt, auf die Ermittlung schlafgünstiger Geräuschbedingungen abgestellt sind.
Hierzu würde gehören, daß man mit jenen charakteristischen All-
tagsgeräuschen arbeitet, die die wichtigste Rolle im Immissions-
schutz spielen, nämlich mit Straßen- und sonstigen Verkehrsgeräuschen und mit industriell-gewerblichen Geräuschen. Schlaf-
studien sind allerdings sehr aufwendig, sie sind zudem mit dem
Handicap belastet, daß im Laboratorium ungewohnte Schlafbedingungen bestehen und daß man schwerlich einen repräsentativen Be-
völkerungsquerschnitt untersuchen kann, bei dem man neben Geschlecht und Lebensaltersgruppen auch die wechselhaften Disposi-
tionen, psychischen und beruflichen Belastungen sowie Einflüsse
von Krankheit und Erholungsbedürftigkeit berücksichtigt hat.
Man wird weiterhin auf Eigenerfahrungen und auf Berichte von
Menschen zurückgreifen müssen, die angeben, unter lärmbedingten
Schlafstörungen zu leiden. Hier sind vor allem die häufigen Einschlafstörungen (in der Regel in der Zeit von 22 bis 24 Uhr)
und die zu frühe Beendigung der kontinuierlichen Schlafzeit
frühmorgens zu erwähnen. Das Einschlafenkönnen setzt voraus, daß
der Aktivierungspegel des Organismus sinkt; hierfür ist wiederum
erforderlich, daß reizarme Umgebungsbedingungen hergestellt
sind. Das ist - vor allem bedingt durch Verkehrsgeräusche -
häufig nicht der Fall; viele Menschen greifen daher zur Schlaf-
tablette, um sich medikamentös gegen Schallreize abzuschirmen.
Während monotone Geräusche einschläfernd wirken können, halten
Geräusche mit schwankendem Pegel und entsprechender Modulations-

tiefe (Differenz zwischen Grundgeräuschpegel und Pegelspitzen)
die Aktivierungsfunktionen der Formatio reticularis aufrecht.
Einschlafstörungen können sehr quälend sein. Das gilt aber auch
für die zu frühe Beendigung der kontinuierlichen Schlafzeit,
was häufig schon bis zu zwei Stunden vor der individuellen Weck-
zeit erfolgt (alltags durch sehr frühen Beginn gewerblicher
Aktivitäten und LKW-Verkehr, Sonntags durch frühes Glockenläuten).
In den frühen Morgenstunden bzw. späten Nachtstunden überwiegt der
erhöht weckempfindliche Flachschlaf. Ein besonderes Problem
stellen die Tagesschläfer (Nachtarbeiter) dar, die eigentlich
nur dann quantitativ und qualitativ ausreichend schlafen können,
wenn ihr Schlafraum optimal gegen Außenlärm und Wohnungsgeräusche
gedämmt ist.

Die Gewährleistung schlafgünstiger Umweltbedingungen ist die
wichtigste Aufgabe des Immissionsschutzes gegenüber dem Lärm.
Nach Schlafstörungen kann am nächsten Tage ein verstärkter vegetativer Erregungszustand und eine vermehrte Ausscheidung von
Katecholaminen beobachtet werden (Lit. bei Levi); nach Williams
beeinträchtigt lärmbedingter Schlafentzug am folgenden Tag vor
allem sehr stark solche beruflichen Aufgaben, die ein gutes
Funktionieren des Kurzzeit-Gedächtnisses und hohe Informations-
geschwindigkeiten erfordern.

Lärmbedingte Schlafstörungen können subjektiv als Belästigung
und Störung des Wohlbefindens bewertet werden; objektiv stellen
sie einen Eingriff in physiologisch programmierte Funktionsab-
läufe dar, die offenbar zur Reproduktion von Lebensfreude und
Leistungsbreitschaft biologisch notwendig sind. Ein chronisches
Schlafdefizit durch Lärm muß als gesundheitsgefährdend angesehen
werden; es ist aber bisher nicht bekannt, ob auch die nur im
Elektroencephalogramm nachweisbaren qualitativen Schlafverände-
rung ohne Aufwachen gesundheitlich relevant sind; wenn überhaupt
möglich, so dürfte es sehr schwierig sein, dies zu klären. Man
kann sich auf den Standpunkt stellen, daß auch die charakteristischen Schlafabläufe (Schlafphasen I - IV und Rem-Traumschlaf in
mehrmaligem Wechsel) physiologisch programmiert sind und eine
Funktion im Reproduktionsprozess haben und daß sie deshalb möglichst nicht gestört werden sollten, es sei denn, man kann be-

weisen, daß dies gesundheitlich bedeutungslos ist.

Ein wichtiger Fragenkomplex ist die Gewöhnung an schlafstörende Geräusche; man kann unterstellen, daß sie in gewissem Umfange möglich und weitgehend vorhanden ist, sonst könnte an Verkehrsstraßen und in der Nähe von Bahnkörpern nicht geschlafen werden. Man wird jedoch noch eingehende Forschungen über die Bandbreite der Gewöhnung und vor allem über die Gewöhnungsfähigkeit des lärmempfindlicheren Bevölkerungsteils (etwa 2o bis 3o %) durchführen müssen.

Eine besonders starke Aktivierungsreaktion stellt die Schreckreaktion auf plötzliche, unerwartete Geräusche dar. Nach Kryter treten Schreckreaktionen z.B. auf, wenn ein Geräusch innerhalb von o,5 Sekunden um 4o und mehr dB ansteigt (Impulsgeräusch). Ein typisches schreckerzeugendes Geräusch ist der Knall von Überschallflugzeugen. Es gibt Anhaltspunkte dafür, daß eine psychische und physiologische Gewöhnung an schreckerzeugende Geräusche nicht möglich ist.

Der Schreckzustand kann mit starken vegetativen Reaktionen einhergehen, die unter Umständen nur langsam abklingen. Häufige Schreckreaktionen müssen als gesundheitsgefährdend bewertet werden; man muß vermuten, daß bei vorgeschädigten und kranken Menschen (Arteriosklerose, Coronarsklerose, Bluthochdruck u.a.) akute Gefahren auftreten können. Auf jeden Fall beeinträchtigen Schreckreaktionen das psychische und physische Wohlbefinden ganz erheblich.

Es wurde bereits darauf hingewiesen, daß die sogenannten "vegetativen" oder "physiologischen" Lärmwirkungen, die wir als Aktivierungsreaktionen bezeichnen, normale Reiz-Reaktionen des Organismus sind, daß sie nicht lärmspezifisch und nicht krankhaft sind. Unter bestimmten Bedingungen müssen sie jedoch als bedenklich und möglicherweise gefährdend angesehen werden. Dies betrifft kranke und erholungsbedürftige Menschen, deren häufig überempfindlich reagierendes vegetatives Nervensystem in besonderem Maße gegen aktivierende Umweltreize abgeschirmt werden muß. Es ist ein wichtiges Element allgemeiner Behandlungsgrundsätze,

kranke und erholungsbedürftige Menschen "ruhig zu stellen", wobei nicht nur, aber doch wesentlich auch der Schutz vor Lärm ge-
meint ist. Man muß die Hypothese aufstellen, daß Genesungs- und
Erholungsverläufe durch Lärmeinwirkung ungünstig beeinflußt
werden können und sollte gerade diesem Fragenkomplex besondere
Aufmerksamkeit und gezielte Forschung widmen. Gesprächen mit
klinisch tätigen Ärzten ist zu entnehmen, daß diese Gefahr gesehen wird, ohne daß konkrete Belege vorgelegt werden können.

Menschliches Verhalten wechselt sowohl physiologisch bedingt
(circadiane Rhythmik) als auch sozio-kulturell bedingt (Arbeit,
Sport, Spiel, Geselligkeit, Freizeitaktivitäten) zwischen Aktivität und Entspannung. Die Entspannungsphasen sind durch einen
niedrigeren Aktivierungspegel des Organismus, durch eine mehr
vagotonisch gesteuerte vegetative Reaktionslage gekennzeichnet.
Solche Entspannungsphasen im Laufe eines Tages sind offenbar
psycho-biologisch notwendig. Sie sind umso wichtiger, je mehr
Anspannung das Alltagsleben erfordert und je mehr es unter Zeit-
druck (Hetze) und Stresseinflüssen steht. Aktivierungseffekte
durch Lärm - seien sie nun primär psychisch oder physiologisch
bedingt - können Entspannung aufheben oder das Eintreten der
Entspannungsphase verhindern. Dies muß - wenn es häufig geschieht -
als bedenklich angesehen werden.

Abschließend sei festgestellt, daß Belästigung durch Lärm und
Aktivierung durch Lärm natürlich nicht streng voneinander zu
trennen sind; beides kann einander bedingen und verstärken. Der
Begriff Belästigung stellt mehr die psychische und der Begriff
Aktivierung mehr die physiologische Komponente der Lärmwirkungen
in den Vordergrund. Man muß vor einer Überschätzung der physiologischen Laboratoriumsergebnisse warnen; sie erfassen nicht den
Menschen in seinen vielfältigen konkreten Alltagssituationen,
die sich durch eine große Variabilität der psychisch-emotionellen
und physischen Reaktionsbereitschaft (Anfälligkeit, Störbarkeit,
Resistenz) auszeichnen. Die zukünftige Lärmforschung muß sich mehr
als bisher mit den praktisch vorkommenden psychischen Phänomenen
und den Bedingungen ihres Auftretens befassen.

16

Die Lärmminderung muß in erster Linie zum Ziel haben, günstige
Schlafbedingungen zu erhalten oder zu schaffen. Dies betrifft
sowohl die mittleren Innengeräuschpegel als auch die Spitzen
bei Pegelschwankungen (z.B. Kfz-Geräusche). Es gibt Unterlagen
dafür, daß die obere Grenze der mittleren Geräuschpegel auch in
akustisch ungünstigen Wohnlagen 35 dB(A) nicht überschreiten
sollte (in ruhigen Wohnlagen 3o dB(A)). Da Aktivierungswir-
kungen vor allem durch Pegelschwankungen ausgelöst werden, sollten die mittleren Maximalschallpegel den mittleren Geräuschpegel
um nicht mehr als 1o dB(A) überschreiten. Unter ungünstigen Bedingungen muß man speziell für die Schlafräume Fenster mit höheren Schalldämmungswerten anbringen (natürlich sind dann Lüftungs-
vorrichtungen vorzusehen); diese Aufgabe dürfte sich besonders
für die Schlafräume von Tagesschläfern (Nachtarbeitern) stellen.

Allgemein sollte man die menschliche Umwelt von den stark akti-
vierenden schreckerzeugenden Geräuschen freihalten; als Beispiel
sei hier der Überschallknall von Flugzeugen erwähnt, der zwar
nicht technisch, wohl aber durch politische Entscheidung vermeid-
bar ist.

Über die Behinderung oder Beeinträchtigung bestimmter Leistungen
durch Lärm sind zahlreiche Untersuchungen durchgeführt worden
(Lit. bei Broadbent und Kryter). Alle Leistungen und Aufgabenerfüllungen, die Anforderungen an das Hörsystem stellen (Kommunikation, Orientierung u.a.), können durch die maskierende Wirkung von Geräuschen mehr oder weniger stark beeinträchtigt werden.

Leistungen und Aufgabenerfüllungen, bei denen das Hörsystem unbeteiligt ist, können unter Lärmeinwirkung unbeeinflußt bleiben,
verbessert oder verschlechtert werden. Einfache Leistungsanfor-
derungen werden - wenn überhaupt - nur durch sehr hohe Lärminten-
sitäten (über 9o dB(A)) gestört. Komplexe und komplizierte Leis-
tungsanforderungen sind leichter störbar. Es gibt nach der Akti-
vierungstheorie einen umgekehrt "U"-förmigen Zusammenhang zwischen Aktivierung durch Lärm und Leistung; bis zum Scheitel des
"U" laufen Leistungsverbesserung und Aktivierung parallel; bei
Überaktivierung (abfallender Schenkel des "U") kommt es zu zu-

nehmender Leistungsverschlechterung. Dies ist in zahlreichen
Laborexperimenten bestätigt worden; es steht dahin, ob man solche Erkenntnisse ohne weiteres auf die vielgestaltige Praxis
übertragen darf. Sicherlich können Geräuschreize beim unausge-
schlafenen oder sonstwie ermüdeten Menschen eine beträchtliche
Leistungsverbesserung durch Aktivierung bewirken.

In besonderem Maße störbar sind Aufmerksamkeit und Konzentration, und zwar vor allem durch neuartige, unerwartete, informati-
onshaltige und sehr lästige Geräusche. Es kommt zur Ablenkung,
wodurch die aufgabenrelevante Aufmerksamkeit und Konzentration
kurzfristig oder anhaltend gestört wird. Die Ablenkbarkeit ist
offenbar individuell unterschiedlich. Bruckmayer u. Lang haben
Untersuchungen über "Störung durch Verkehrslärm in Unterrichts-
räumen" durchgeführt; bei der Erledigung von Schularbeiten bezeichneten sich 50 % der Schüler gestört bis stark gestört, wenn
der Innengeräuschpegel bei geöffneten Fenstern 50-55 dB(A) und
bei geschlossenen Fenstern 45-50 dB(A) betrug. Die Werte müßten
also generell um mindestens 5 dB(A) niedriger liegen. Man kann
dies mit gewisser Berechtigung auch auf andere Räume übertragen,
in denen überwiegend geistig gearbeitet wird.

Mit diesen Ausführungen sollte deutlich gemacht werden, daß man
den Komplex "Lärmminderung" im Hinblick auf Leistungsverbesserung differenziert betrachten muß. Man wird kaum damit rechnen
können (Kosten-Nutzen-Analyse), daß in Lärmbetrieben eine Lärmminderung um einige dB(A) leistungsmäßig zu Buche schlägt; bei
allen Aufgabenerfüllungen, die mit Anforderungen an Aufmerksamkeit und Konzentration verbunden sind oder die Höraufgaben und
Kommunikationsaufgaben einschließen, wird eine Lärmminderung um
einige dB(A) unter Umständen zu wesentlichen Leistungsverbesse-
rungen führen.

INTERDISZIPLINÄRE UNTERSUCHUNGEN

ÜBER AUSWIRKUNGEN DES FLUGLÄRMS AUF DEN MENSCHEN

(Problemstellung des Fluglärmprojekts der DFG)

von Prof. Dr. Dr. Gerd Jansen, Essen, und

Dipl.-Psych. Bernd Rohrmann, Hamburg

1. Fluglärm und Fluglärm-Beurteilung

In den letzten Jahren kam dem Fluglärmproblem durch die steigen-
de Zahl von Flugbewegungen eine zunehmende Bedeutung zu. Andererseits wuchsen die Städte in die Außenbezirke, so daß Flughäfen,
die in früheren Jahren weit außerhalb der Städte lagen, heute
nicht selten im Weichbild oder an der Grenze größerer Städte zu
finden sind. Die häufig zu beobachtende mangelnde Zusammenarbeit
zwischen Bau- und Verkehrsplanern hat in krassen Fällen z.b. dazu geführt, daß Hochhäuser direkt unter der Anfluggrundlinie
gebaut wurden, die der hohen Schallintensität beim Überflug sowie der ständig steigenden Häufigkeit an Flugbewegungen besonders
ausgesetzt sind. Es ist daher nur zu verständlich, daß eine zunehmende Aktivität von seiten der Bevölkerung beobachtet wird,
um der ständig steigenden Lärmbelastung mit allen zu Gebote ste-
henden Mitteln entgegenzutreten.

Auf nationaler und internationaler Ebene sind zunehmend Bestre-
bungen zu beobachten, ein Maß für die Belastung, Belästigung
und mögliche Gesundheitsgefährdung zu erstellen, das am Ausmaß
des Fluglärms ausgerichtet ist. In das 1965 durch das damalige
Bundesgesundheitsministerium veröffentlichte "Göttinger Flug-
lärmgutachten" wurden die bis dahin vorliegenden Erfahrungen
und Ergebnisse wissenschaftlicher Untersuchungen einbezogen und
führten zur Entwicklung eines "Fluglärmbewertungsmaßes $\bar{Q}$ ".
Kryter und Pearsons hatten schon 1963 gefunden, daß die Störwirkung von Einzelgeräuschen gleichbleibt, wenn bei Verdoppelung
der Dauer der Pegel um einen bestimmten Betrag vermindert wird.
Knowler und McKennell (1963) ermittelten auf Grund ihrer Ergebnisse eine Äquivalenzbeziehung, die zwischen Häufigkeit und Pegel

bestand. Die Umrechnungsparameter für die Äquivalenzbeziehungen
lagen - das stellte sich bei späteren Untersuchungen immer wieder heraus (z.B. Young 197o) - zwischen den (dimensionslosen)
Werten von 3 bis 4,5. Betrachtet man die Ergebnisse von Knowler
und McKennell und R.W. Young sowie von Kryter und Pearsons zusammen, so erscheint dieser in die Literatur als Äquivalenzpara-
meter q eingegangene Wert mit der Kennzahl 4 als derjenige Wert,
der sowohl die Pegel-Dauer-Äquivalenz als auch die Pegel-Häufig-
keit-Äquivalenz befriedigend darstellt. Aus diesem Grunde wird
für die $\bar{Q}$-Berechnung bei Fluglärm im allgemeinen der Äquivalenz-
parameter q = 4 eingesetzt. Von manchen Sachverständigen wird -
insbesondere in der weiteren Umgebung von Flughäfen und bei großen Bewegungshäufigkeiten - der Äquivalenzparmeter q = 3 ver-
wandt.

Aufbauend auf diesen Äquivalenzbeziehungen werden in der Welt
einige Verfahren bevorzugt angewandt: Equivalent Perceived Noise
Level L_{Pneq} nach der ISO Empfehlung r 5o7, ebenso die von der
ICAO (International Cival Aviation Organization) empfohlene
Größe Equivalent Continues Perceived Noise Level (EPCPNL). Die
Größe EPCPNL wird in anderem Zusammenhang auch als International
Noise Exposure Referance Unite (INERU) bezeichnet. Der momentane
tonkorrigierte Perceived Noise Level wird als Weighted Equivalent
Continues Perceived Noise Level (WECPNL) bezeichnet. In den USA
benutzt man häufig auch den Noise Exposure Forecast Value (NEF)
und in Großbritannien den Noise and Number Index NNI.

In all diesen Maßeinheiten sind jedoch nur akustische Kenngrößen
kombiniert, ohne daß dadurch eine begründete Aussage über das
psychophysische Wohlbefinden des vom Fluglärm betroffenen einzelnen Menschen gemacht werden könnte.

In der Luftverkehrszulassungsordnung der Bundesrepublik Deutschland § 4o Absatz 1o a und b wird bei Neuanlage oder wesentlicher
Erweiterung von Flughäfen diesem Gesichtspunkt insoweit Rechnung zu tragen versucht, indem neben einem akustischen Gutachten
(physikalisch-technischer Art) mit Berechnung der Linien glei-
cher Störwirkung ($\bar{Q}$) noch eine medizinische Begutachtung vorgeschrieben wird. Die bisher bekannt gewordenen Stellungnahmen

sind im wesentlichen darauf abgestellt, die Fluglärmauswirkung
auf physiologische Funktionen des menschlichen Organismus zu
prüfen und zu fragen, ob eine mögliche Gesundheitsgefährdung
im somatischen Sinne möglich erscheint. Die Frage nach der
vegetativen Belastbarkeit stand daher unter medizinischem Gesichtspunkt immer im Vordergrund, während die Frage der Belästigung und der Störwirkung durch das Fluglärmbewertungsmaß
$\bar{Q}$ beurteilt wurde.

Unabhängig von der Frage, ob die bisherigen wissenschaftlichen
und gesetzlich angeordneten Beurteilungen der Fluglärmwirkungen
sinnvoll, ausreichend und richtig sind, muß festgestellt werden,
daß in akuten Lärmsituationen bestimmte Reaktionen physischer,
psychischer und sozialer Art auftreten, die aber die Lärmwirkung als eine Komplexwirkung erscheinen lassen (Abb. 1). Die
Frage, die sich wissenschaftlich vom Standpunkt einer Grundlagenforschung stellt und abgeklärt werden muß ist nicht nur, ob
eine Fluglärmwirkung vorliegt, sondern ebenso entscheidend ist,
wie die Fluglärmwirkung aussieht und durch welche Einflußgrößen
sie bestimmt ist. Dabei muß sowohl der Gesichtspunkt der akuten
Beeinflussung in der Lärmsituation als auch die Auswirkung der
langfristig einwirkenden Kurzschallreize (Fluglärm) beurteilt
werden. Epidemiologische Untersuchungen (Querschnitts- und Längs-
schnitt-Untersuchungen) könnten hierzu am ehesten verwertbare
Aussagen gestatten.

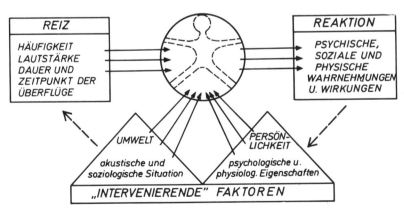

Abbildung 1:
Skizze zur Auswirkung von Fluglärm

2. Das Fluglärmprojekt der Deutschen Forschungsgemeinschaft

Die Senatskommission der Deutschen Forschungsgemeinschaft
"Lärmforschung" befaßte sich seit den Jahren 1963/64 mit dem
Problem der Einwirkung von Fluglärm auf die Bevölkerung und
fragte sich, wie sich eine solche komplexe Lärmwirkung – falls
sie besteht – im menschlichen Verhalten und im Ablauf der körperlichen Funktionen ausdrücken kann. Die in den damaligen Jahren
gerade zur Veröffentlichung gelangten Untersuchungsergebnisse
von Borsky (USA) und McKennell (Großbritannien) beschränkten
sich im wesentlichen auf die soziologische und sozial-psycholo-
gische Seite der Fluglärmwirkung. Auf medizinischer und auf medi-
zinisch-psychologischer Seite lagen zwar auch Untersuchungen vor
(u.a. Seyfahrt, 1940 und Untersuchungen des Max-Planck-Institutes
an lärmexponierten Stahlarbeitern (1956-1958); es herrschte in
der Lärmkommission aber die Meinung vor, daß eine interdisziplinäre Analyse durchgeführt werden solle, an der neben Akustikern
und Sozialpsychologen auch Psychologen, Physiologen und Inter-
nisten beteiligt sein müßten. Die sozialpsychologisch-psycholo-
gisch-medizinische Gesamtuntersuchung sollte als Felduntersuchung
an langfristig fluglärmexponierten Bevölkerungsteilen durchgeführt werden.

Eingehende Diskussionen im Untersuchungsteam ergaben, daß vor
der endgültigen Hauptuntersuchung eine methodische Voruntersuchung stattfinden müßte. Es wurde daraufhin geprüft, welche
deutsche Stadt mit eng benachbartem Zivilflughafen am besten für
die Untersuchung geeignet sei. Man entschied, die Voruntersuchung
in der Umgebung des Flughafens Hamburg-Fulsbüttel durchzuführen,
während München-Riem für die Hauptuntersuchung ausgewählt wurde.

Die Voruntersuchung in Hamburg diente hauptsächlich methodischen
Zwecken. Die Sektionen Sozialwissenschaft, Psychologie, Arbeits-
physiologie und Innere Medizin führten eine gemeinsame Erhebung
durch, untersuchten aber die Probanden getrennt und zunächst mit
einer jeweils eigenen Untersuchungskonzeption. Erst nach Abschluß
der Untersuchungen wurden die Ergebnisse der einzelnen Sektionen
in einen interdisziplinären Auswertungsgang hineingegeben.

Da die Hamburger Ergebnisse an sich den Untersuchern nicht so
wichtig erschienen, wie die Erkenntnisse für ein methodisch und
wissenschaftlich einwandfreies Vorgehen in der Hauptuntersuchung,
wurde seinerzeit auch auf eine Mitteilung der in Hamburg gewonnenen Ergebnisse verzichtet. Diese wurden vielmehr nur den
einzelnen Sektionen zur Verfügung gestellt, um bei der Konzeption und der Planung der Hauptuntersuchung Berücksichtigung zu
finden.

Es wurde also im wesentlichen eine Methodenkritik durchgeführt,
wobei auch zu der Frage Stellung genommen wurde, ob für die
Hauptuntersuchung das Konzept einer sog. "Kontrastuntersuchung"
oder einer Stufungsuntersuchung erfolgversprechend wäre.

Mit der Untersuchung in München (Abb. 2) wurden wieder die glei-
chen Sektionen wie in Hamburg betraut: 1. Akustische Sektion:
Prof. Dr. R. Martin, Dipl.-Ing. H. O. Finke, (Braunschweig);
2. Sozialwissenschaftliche Sektion: Prof. Dr. M. Irle, Dipl.-
Psych. A. Schümer-Kohrs, Dr. R. Schümer (Mannheim); 3. Psycho-
logische Sektion: Prof. Dr. H. Hörmann, Dipl.-Psych. R. Guski
(Bochum, Berlin); 4. Arbeitsphysiologische Sektion: Prof. Dr. Dr.
G. Jansen (Essen); 5. Medizinische Sektion: Prof. Dr. A. W. v.
Eiff, Priv.-Doz. Dr. H. Jörgens (Bonn), Prof. Dr. L. Horbach
(Mainz/Erlangen). Die Erfahrungen in Hamburg zeigten sehr deutlich, daß Organisationsfragen und Fragen der interdisziplinären
Auswertung einen solchen Umfang und vor allem eine solche Bedeutung für das Gesamtprojekt angenommen hatten, daß eine eigene
6. Sektion für die "Organisation der interdisziplinären Zusammenarbeit" unter Dipl.-Psych. B. Rohrmann (Hamburg/Mannheim) eingerichtet wurde.

Es sei darauf hingewiesen, daß die Psychologische und Arbeitsphysiologische Sektion in einem gemeinsamen Untersuchungsgang
integrierte interdisziplinäre Forschung praktizierten und auch
die Auswertung in einem gemeinsamen Gang durchführten. Der Gesamtablauf des DFG-Projektes ist aus dem Übersichtsschema zu
entnehmen (Abb. 3).

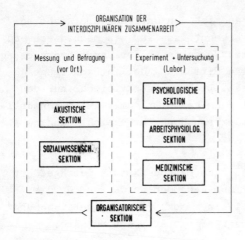

Abbildung 2:
DFG - Fluglärmprojekt

Ehe über die Arbeit der einzelnen Sektionen berichtet wird, sei
noch einmal die gemeinsame Fragestellung präzisiert:

1. Welche soziologischen, psychologischen und physiologischen
Fluglärm-Folgen sind objektivierbar, und wann treten sie auf?

2. Wie werden diese Reaktionen durch Faktoren der sozialen Umwelt oder durch Eigenschaften des betroffenen Menschen mitbestimmt?

3. Mit welchem Geltungsbereich sind akustische Charakterisie-
rung der Lärmsituation mit den erfaßten Fluglärmwirkungen ver-
knüpfbar?

Im folgenden können allerdings noch keine Ergebnisse berichtet
werden, doch sollen - soweit es in diesem Rahmen möglich ist -
Problemstellung und Vorgehen aller Sektionen deutlich gemacht
werden.

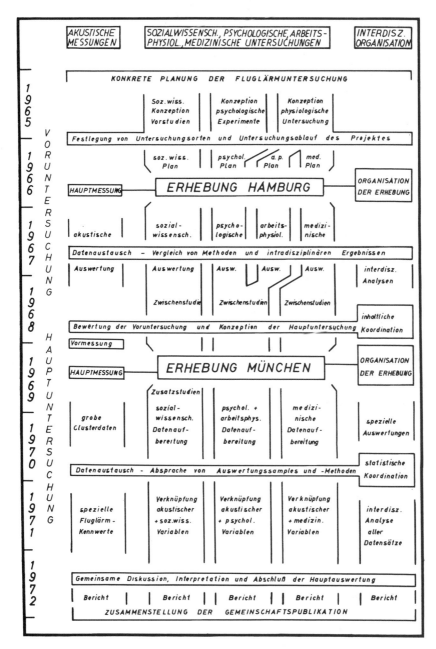

Abbildung 3:

DFG - Fluglärmprojekt: Übersicht zum Gesamtablauf

3. Untersuchungsplan München

Zunächst soll einiges zur Konzeption, Planung und interdisziplinären Koordination der Untersuchung gesagt werden, wofür die Organisatorische Sektion des Fluglärmprojekts zuständig war.

Der Untersuchungsplan für die Hauptuntersuchung in München ist aus den Erfahrungen der Voruntersuchung in Hamburg hervorgegangen.

Dabei wurde das soziologische, psychologische und physiologische Untersuchungsprogramm wesentlich gestrafft und außerdem ein neues Stichprobenkonzept zu Grunde gelegt.

In Hamburg waren 2 Kontrastgruppen - ein Areal mit starkem Fluglärm als Experimentalgruppe und eines außerhalb der Flugpfade als Kontrollgruppe - gegenübergestellt worden. In München sollte stattdessen versucht werden, möglichst viele Stufen von starkem bis geringstem Fluglärm in der Untersuchung zu erfassen:

Dafür sprachen zwei Gründe:

1. Im Extremgruppenplan werden durch Fluglärm verursachte Verhaltensunterschiede zwar besonders deutlich, doch bleibt offen, wie die Beeinträchtigung mit dem Grad der Belärmung zunimmt, bzw. wann sie überhaupt einsetzt.

2. Die Art der Wechselbeziehung zwischen Reaktion auf Fluglärm einerseits und einflußnehmenden Persönlichkeitsmerkmalen - etwa Alter, Geschlecht, allgemeine Lärmempfindlichkeit usw. - andererseits sollten auch für mittlere und geringe Grade von Fluglärm untersuchbar werden.

Ideal wäre es, wenn jeder Untersuchungsperson ein individueller akustischer Wert der für sie gegebenen Fluglärmbelastung zugeordnet werden könnte, so wie die Befragungs- und Experimentdaten ja auch individuell festgestellt werden. Natürlich ist dies praktisch nicht möglich.

Um jedoch zu möglichst spezifischen Fluglärmdaten zu kommen, wurde in München nach einem Cluster-Konzept verfahren.

26

Das wesentliche Ziel des Cluster-Konzepts war, Gruppen von Untersuchungspersonen örtlich gebündelt auszuwählen und in jedem solchen Stichproben-Cluster eine akustische Meßstation zur Erfassung der örtlichen Lärmsituation zu errichten.

Im einzelnen wurde die Münchener Stichprobe auf folgende Weise festgelegt:

1. Als äußere Grenze des Untersuchungsgebiets wurde eine Linie bestimmt, die einem mittleren Überflugpegel von 75 dB(A) entspricht. Diese Linie ging aus Vorausmessungen der Akustischen Sektion hervor. Innerhalb des abgegrenzten Areals wohnen auf ungefähr 32 km^2 über 1oo ooo Menschen. Abb. 4 zeigt dieses Areal.

2. Die Stichprobenplanung war auf eine 7oo Personen starke Hauptgruppe ausgerichtet, die je 1oo Jugendliche und Alte enthalten sollte. Um 7oo erfolgreiche Befragungen zu erzielen, sind erfahrungsgemäß 9oo-1ooo Adressen notwendig. Akustische Überlegungen ergaben, daß ein Cluster nicht mehr als 3o-35 Häuser umfassen sollte, wenn die Lärmmessungen im Cluster repräsentativ sein sollen.
Daraus folgerte die Notwendigkeit von mindestens 3o Clustern, um das Stichprobenziel zu erreichen; festgelegt wurden 32.

3. Anhand der akustischen Vorausmessungen wurden in die äußere 75-dB(A)-Linie 31 weitere Linien hineininterpoliert. Die innerste kennzeichnete also Überflüge mit einem mittleren Spitzenpegel von theoretisch 1o7 dB(A). In jedem dieser 32 Streifen wurde durch eine Zufallsprozedur - jedoch gemäß der Bevölkerungsdichte - ein Untersuchungspunkt ausgelost. Diese 32 Clusterpunkte sind aus Abb. 4 zu ersehen.

4. An jedem dieser Punkte wurden soviel beieinanderliegende Häuser ausgewählt, daß sich etwa 3o-35 Haushalte ergaben, und für diese im Einwohnermeldeamt ein komplettes Personenverzeichnis erstellt.

5. Aus der entstehenden Liste wurden 3o Personen zwischen 15 und 7o Jahren je Cluster - ohne sonstige Stichprobeneinschränkungen - zufällig ausgewählt, zusammen 952 Adressen.

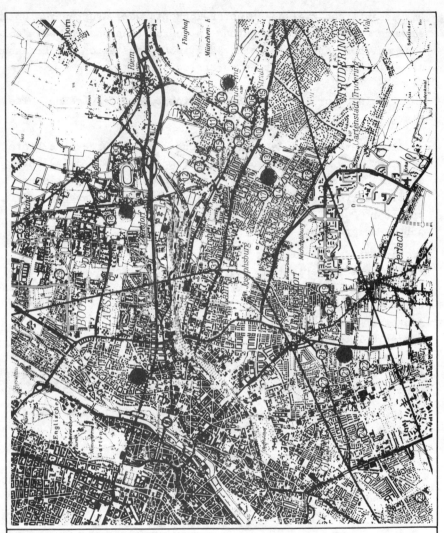

ABB. 2-6   32 UNTERSUCHUNGS-CLUSTER

(01) - (32) Cluster   ······ Einteilung in Sets A , B , C , D

(Karte: Bayerisches Landesvermesungsamt)   ├———————┤ 1km

Abbildung 4:

DFG - Fluglärmprojekt
Untersuchungsgebiet

28

Damit war die Zielgruppe der interdisziplinären Untersuchung
durch Sozialwissenschaftliche, Psychologische, Arbeitsphysiologische und Medizinische Sektion definiert.

Es kamen dann drei spezielle Stichproben für die Befragung durch
die Sozialwissenschaftliche Sektion hinzu:
Es wurden alle Personen ermittelt, die im Jahre vor der Untersuchung aus den 32 Clustern fortgezogen waren. Aus diesen wurde
eine Gruppe von Umzüglern - d.h. innerhalb von München - und eine
Gruppe von Wegzüglern - d.h. nach Außerhalb - bestimmt.

Ferner hatte die Sozialwissenschaftliche Sektion einen Retest -
d.h. eine Wiederholung der Befragung an denselben Personen - für
etwa jede fünfte Person vorgesehen.
Eine Übersicht über die geplanten Stichproben gibt Abb. 5.

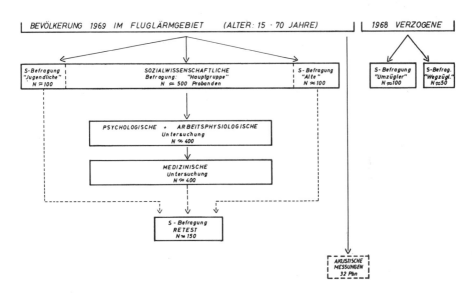

Abbildung 5:
DFG - Fluglärmprojekt: Planung der Stichproben

Die gesamte Erhebung wurde durch die Organisatorische Sektion von einer zentralen Untersuchungsstation aus gesteuert, wo auch die Untersuchungsräume und Labore eingerichtet wurden.

Einige Hinweise zum äußeren Ablauf: Das Erhebungsprogramm für die Hauptgruppe bestand aus drei zeitlich getrennten Teilen:

1. Befragung durch Sozialwissenschaftliche Sektion, Dauer 1-11/2 Stunden, in der Wohnung der Person.

2. Experimente und Tests, gemeinschaftlich durch Psychologische und Arbeitsphysiologische Sektion durchgeführt, Dauer 2 Stunden, im Labor.

3. Ärztliche Anamnese, Untersuchung und Experiment bei der Medizinischen Sektion, Dauer 2 Stunden, im Labor.

Diese Schritte waren nur für 21-6o jährige Personen vorgesehen.

Erst anschließend wurden bei je 1 Person jeden Clusters (4) akustische Lärmmessungen durchgeführt.
Zwischen allen Schritten lag mindestens eine Woche Zwischenraum.

Die zweimalige experimentelle Untersuchung im Labor war so organisiert, daß zeitlich parallel drei Personen von der Psychologischen Sektion und drei von der Medizinischen Sektion untersucht werden konnten, bei fünf Intervallen pro Tag also maximal 15+15= 3o Personen. Die Abfolge der einzelnen Untersuchungsteile im Labor wurde systematisch kontrolliert. Ebenso ist die Befragung und Untersuchung von Personen aus 'lauten' und aus 'leisen' Clustern zeitlich gleichmäßig erfolgt.

Für die Untersuchungspersonen bedeutet dieses Programm ohne Frage eine starke Anforderung. Zur Reduzierung der Stichprobenverluste wurde deshalb ein erheblicher Aufwand getrieben: mehrfaches persönliches Anschreiben, Terminvereinbarungen durch gesonderte Kontakter, usw; außerdem wurden alle Personen mit Pkw's zur Untersuchung und zurück gebracht.

Insgesamt resultierten schließlich aus 952 Adressen der Hauptgruppe 66o auswertbare sozialwissenschaftliche Interviews. Von

diesen sind 375 Personen auch von der Psychologischen und 392
von der Medizinischen Sektion untersucht worden. 357 Personen
haben die gesamte Untersuchung mit komplettem Datensatz durch-
laufen: Auf diesen gemeinschaftlichen Kern bezieht sich die
interdisziplinäre Auswertung der Organisatorischen Sektion, die
die Auswertung der einzelnen Sektionen ergänzt.

4. Akustische Messungen

Die Akustische Sektion hat für die Münchener Hauptuntersuchung
zwei Meßserien durchgeführt.

Die erste Meßserie fand als Vormessung vor der eigentlichen
Datenerhebung statt. Sie diente der Feststellung von Lärmkurven
für das gesamte Gebiet um den Münchener Flughafen und wurde vor
allem als Planungshilfe benötigt.

Die Messungen an fünf Hauptpunkten wurden mit einem großen Meßwagen durchgeführt.(ferner wurden Ergänzungsmessungen in 19 Ne-
benpunkten vorgenommen). Resultat waren die schon gezeigte
Grenzlinie von 75 dB(A) als mittlerem Spitzpegel und weitere
Kurven für höhere Spitzenpegel.

Aus den Messungen ergab sich, daß in München bis zu 1oo Starts
und Landungen pro Tag stattfanden, von denen etwa 1/3 in W-/O-
Richtung und 2/3 in O-/W-Richtung erfolgen; von den nach Westen
startenden Maschinen fliegen i.A. 2/3 bis 3/4 geradeaus; der
Rest biegt relativ rasch nach Norden ab.
(dazu vgl. Abb. 4).
Deswegen weist das Untersuchungsgebiet zwei Arme auf.
In den dritten, östlichen Arm (überwiegend Landungen) fiel bei
der Stichprobenziehung kein Clusterpunkt hinein. Die Pegelspitzen der Überflüge erreichten in Flughafennähe 11o bis 12o
dB(A); ein Pegel von 8o dB(A) wurde zwischen 1o und 3o Sec. überschritten.
Die Hauptmeßserie begann etwa am Ende der sozialwissenschaftlichen Erhebung.

Die Aufgabe war, für alle 32 Cluster spezifische und vergleichbare akustische Daten zu gewinnen um sie nach dem Fluglärmgrad ordnen zu können. Die Schwierigkeit lag nun darin, daß eine sukzessive Messung mit dem Meßwagen nicht möglich war, weil dies viel zu lange gedauert hätte und die Flugbetriebsverhältnisse sich ja über die Zeit hinweg ständig ändern. Andererseits war es finanziell unmöglich, 32 feste Meßstationen aufzubauen.

Zur Lösung dieses Problems hat die Akustische Sektion ein tragbares Meßgerät entwickelt, daß durch automatische Ein- und Ausschaltmechanismen alle Überflüge ab etwa 75 dB auf Band nimmt. Die Speicherkapazität von 3 Stunden war ausreichend für einen Tag. Durch ein automatisch gesteuertes Zeit-Stichproben-Verfahren wurden außerdem auf einer zweiten Bandspur Ausschnitte aus dem Grund- und Umgebungslärm aufgenommen.

Von diesen Spezialgeräten wurden 11 Stück hergestellt, die entsprechend dem Meßplan notwendig waren. Der Meßplan sah vor, über 6 Wochen hinweg zu messen, jedoch innerhalb dieser 42 Tage nur eine Stichprobe von 14 Meßtagen je Cluster zu realisieren. In jedem Cluster mußte also jeden dritten Tag gemessen werden. Die 11 Meßgeräte wurden deshalb zyklisch über die 32 Cluster rotiert, und zwar so, daß jeder Wochentag in jedem Cluster zweimal vorkam, daß jedes Gerät etwa gleich oft in verschiedenen Clustern war, und daß laute und leise Cluster gleichmäßig über die Zeit hinweg abgearbeitet wurden.

Damit sollte erreicht werden, daß Störeinflüsse durch Wetter, unterschiedlichen Flugbetrieb usw. über das Untersuchungsgebiet ausbalanciert wurden, so wie es vorher auch für die Abfolge der Personen-Untersuchungen geschehen war. Als Resultat ergaben sich über 400 bespielte Tonbänder.

Zur akustischen Auswertung:
Diese Bänder sind nach Abschluß der Münchener Erhebung im Laboratorium mit schreibenden Registriergeräten (Pegelschreibern) als A-bewertete Schallpegel registriert worden. Anschließend sind alle Überflüge indentifiziert und für diese

1. der Spitzenpegel, in dB(A) und
2. die Zeitspanne, während der ein Pegel von 1o dB unter dem
Spitzenpegel überschritten wird, in Sekunden, festgestellt worden.

Für jedes Cluster lassen sich damit die Überflughäufigkeit, der
mittlere Überflugpegel, und die mittlere Überflugdauer als
Hauptkennwerte errechnen. Außerdem können die international üblichen Fluglärmbewertungsmaße, wie $\bar{Q}$, NNI, CNR usw. bestimmt werden. Ferner wurde eine Grobeinteilung der 32 Cluster in 4 Sets
von 'sehr starkem', 'starkem', 'mittlerem' und 'schwachem' Fluglärm definiert.

Alle diese Kennwerte (die im übrigen hoch miteinander korrelie-
ren) sind von den anderen Sektionen bei ihrer Auswertung benutzt
worden, um die Zusammenhänge zwischen Grad des Fluglärms als
unabhängiger Variablen und der Reaktion auf Fluglärm als abhängi-
ger Variablen statistisch zu analysieren.

5. Sozialwissenschaftliche Befragung

Die Sozialwissenschaftliche Sektion hat vor allem zwei Fragestel-
lungen:
1. Welche verbalen Reaktionen und welche Beeinträchtigungen des
täglichen Lebens ruft Fluglärm hervor, und wie ist der Zusammenhang mit dem Grad des Fluglärms, ab wann wird die Bewertung des
Fluglärms eindeutig negativ?
2. Welche Einflußgrößen bewirken die große Variationsbreite von
gleichmütigster bis hochgradig verärgerter Reaktion auch innerhalb ein und derselben Fluglärmstufe, d.h., welche intervenierenden Faktoren werden zwar nicht selbst vom Lärm beeinflußt, modi-
fizieren aber die Verarbeitung des Fluglärms? (Diese Problemstellung ist schon aus Abbildung 1 deutlich geworden.)

Ausgangspunkt waren zunächst die früheren Befragungen in den USA,
z.B. Borsky 1954, 1961 und in Großbritannien, z.B. McKennell 1963
(die bemerkenswerte Untersuchung der amerikanischen Tracor-Inc.

wurde erst 197o publiziert). Die Sozialwissenschaftliche Sektion
versuchte, inhaltlich und methodisch weiterzugehen:

1. Inhaltlich: Durch Erfassung möglichst vieler soziologischer
Lebensbedingungen und psychologischer Persönlichkeitseigenschaften, für die man einen Einfluß auf die Einstellung zum Fluglärm
unterstellen konnte.

2. Methodisch: Durch sorgfältige Fragebogenstandardisierung und
durch die Entwicklung von Antwort-Skalen und Testinstrumenten
für Einstellungen und Werthaltungen schon vor der eigentlichen
Untersuchung nach den Methoden von Psychometrie und Testkonstruk-
tion.

Zunächst zu den methodischen Vorarbeiten:

In Hamburg fanden 3 Vorstudien statt, die vor allem der Entwicklung von Frageformen und Antworttypen und einer Vorauslese von
Frageinhalten galt. Zur Einstellungsmessung wurde ein Bündel von
sog. Statements benutzt, das sind Ich-Aussagen, die auf einer
geeichten Antwort-Skala mehr oder weniger akzeptiert werden können,
z.B. "der Fluglärm ist so schrecklich, daß ich am liebsten weg-
ziehen möchte", oder "lautes Sägen stört mich mehr als Fluglärm".

Nach Probeinterviews in Düsseldorf brachte die Voruntersuchung
in Hamburg die erste Anwendung des Gesamtfragebogens. In Düsseldorf diente eine Zwischenstudie zur Verbesserung und Erweiterung
von Einstellungsskalen, ehe der endgültige Fragebogen für die
Hauptuntersuchung bereitstand.

Der Fragebogen umfaßt 95 Fragen mit etwa 3oo Einzelpunkten.
25 Fragenblocks sind vorgetestete Instrumente, die jeweils einen
Meßwert für eine Einstellung oder eine Persönlichkeitseigenschaft
liefern.

Die Befragungsinhalte lassen sich grob in 3 Bereiche gliedern:

1. Reaktion auf Fluglärm:
Erfaßt wurden u.a.
die subjektiven Wahrnehmungen über Häufigkeit und Lautheit der
Flugzeuge;

34

Störung der Kommunikation, z.B. auch des Fernsehens durch Fluglärm;
Beeinträchtigung von Ruhe, Entspannung, Schlaf und Regeneration;
Emotionale Einstellung bzw. Verärgerung durch Fluglärm;
physikalische und soziale Maßnahmen gegen Fluglärm.

2. Soziologische Einflußgrößen:
Erfaßt wurden z.b. Art der Wohnung, Wohndauer, Beruf und Einkommen,
Schulbildung, Besitzer oder Mieter, ferner Alter und Geschlecht.

3. Psychologische Persönlichkeitseigenschaften:
Durch Kurztests wurden gemessen: Labilität, Hypochondrie, allge-
meine Lärmempfindlichkeit, Lärmgewöhnbarkeit, Einstellung zur
Technik, Konservativismus, Intelligenz, Mobilität, Nörgelsucht,
Bewertung des Luftverkehrs.

Zu den Sonder-Gruppen (vgl. Abb. 5):
Die Retest-Befragung, d.h. Befragungswiederholung, wurde mit un-
verändertem Fragebogen durchgeführt. Sie sollte zeigen, ob die
Befragungsergebnisse reproduzierbar und damit zuverlässig sind.

Die Um- und Wegzügler-Befragung soll erklären, welche Rolle der
Fluglärm unter den Umzugsgründen spielte, und ob sich die Gruppe
der Weggezogenen von den im Untersuchungsgebiet verbliebenen Personen sozialpsychologisch unterscheidet. Dabei wurde ebenfalls
der gleiche Fragebogen benutzt (teilweise doppelt, nämlich sowohl auf die jetzige wie auf die frühere Wohngegend bezogen).
Insgesamt ergaben sich an auswertbaren Interviews 660 in der
Hauptgruppe, 115 Retest-Befragungen und 152 Verzogene.

Die sehr aufwendige Auswertung der sozialwissenschaftlichen Daten
durch Computer-Programme kann hier nur angedeutet werden. Vor der
eigentlichen Analyse der Fluglärmwirkung erfolgte (nach Codie-
rung, Lochung, Fehlerprüfung, usw.) eine weitreichende Daten-
strukturierung. Die einzelnen Antworten wurden anhand statistischer
Methoden, insbesondere der Faktorenanalyse, soweit möglich zu
übergeordneten Größen zusammengefaßt, um einen reduzierten und
aussagekräftigeren Sekundärdatensatz zu erhalten.
Für die Analyse der Fluglärmwirkung hat die Sozialwissenschaftliche Sektion einen Korrelations-statistischen multivariaten
Ansatz bevorzugt.

Zwischen allen Befragungsdaten und den Fluglärmparametern der Akustischen Sektion wurden die Korrelationen bestimmt sowie kanonische Korrelationen zwischen einzelnen definierten Variablen-Blöcken.

Um zu klären, wie stark die Reaktion auf Fluglärm einerseits von der Stärke des Fluglärms, andererseits von den Persönlichkeitseigenschaften einer Person abhängig ist, wurden multiple Regressionsanalysen durchgeführt. Die Verhaltensunterschiede zwischen Personen aus Clustern mit starkem oder schwachem Fluglärm wurden durch statistische Unterschiedstests und multivariate Diskriminanzanalysen ausgewertet.

6. Psychologische und arbeitsphysiologische Untersuchung

Die Psychologische Sektion ist von der bekannten Tatsache ausgegangen, daß Fluglärm von den durch ihn betroffenen Menschen zumeist als störend und lästig empfunden wird. Es erhob sich die Frage, ob über diese bekannte Auswirkung des Fluglärms hinaus Veränderungen im menschlichen Verhalten feststellbar sind, die ebenfalls durch Fluglärm bewirkt werden. Bei der Suche nach möglichen Verhaltensbereichen für solche Änderungen wurde von der empirischen Laborlärm-Forschung ausgegangen; Fluglärm-Auswirkungen sind besonders auf dem Gebiet der Aufnahme und Verarbeitung von Information erwartet worden, und zwar in 3 verschiedenen Ebenen, die sich hinsichtlich der Bedeutung von Schall als Wirkungsgröße unterscheiden. Diese 3 Ebenen sind

1. die direkte Lärm-Verarbeitung, in der Schall den Hauptreiz darstellt,
2. die indirekte Lärm-Verarbeitung, in der Schall nur Nebenreiz ist und
3. die Informationsverarbeitung ohne Schall (in Ruhe).

Entsprechend dieser Klassifikation wurden in München Experimente in 3 verschiedenen Ebenen der Lärm-Bedeutung durchgeführt:

1. hinsichtlich der möglichen Veränderung der psychologischen und physiologischen Reaktionen auf den Primärstimulus "Lärm";

(zum Beispiel wurden hier Einstellungsurteile des Menschen zu bestimmten Geräuschen und auch seine physiologischen "Antworten" auf diese Geräusche ermittelt, weil angenommen werden kann, daß die häufige und starke Flugbelärmung die direkte Lärmverarbeitung verändert);

2. hinsichtlich der möglichen Veränderung der Techniken zur Aufnahme und Verarbeitung von Optischer Information bei Schall als Zusatzreizung (da denkbar ist, daß häufig und stark flugbelärmte Personen Techniken entwickelt haben, um die Störung durch eine "lärmige" Zusatzinformation gering zu halten oder auch durch die starke affektive Besetzung der Störung bei der Aufnahme der Information blockiert werden);

3. hinsichtlich der Verarbeitung von Information und des psychologischen und physiologischen Allgemeinzustandes unter akustischen Ruhebedingungen, da denkbar ist, daß sich bestimmte Persönlichkeitseigenschaften oder die physiologische Allgemeinkonstitution durch Fluglärm so verändern, daß diese Änderung auch unter Ruhebedingungen feststellbar wird.

Hauptfrage in allen 3 Ebenen der Informationsverarbeitung war die Entscheidung zwischen den Hypothesen "adaptive Bewältigung" oder "defensive Blockierung durch Fluglärm". Unter "adaptiver Bewältigung" soll ein Verhalten verstanden werden, das sich erstens durch Anpassung und Gewöhnung des Menschen an Fluglärm auszeichnet, zweitens durch den Erwerb von Techniken zur Kompensation des Fluglärms. Auf der Ebene der "direkten Lärm-Verarbeitung", auf der die meisten Veränderungen durch Fluglärm erwartet wurden, müßte die adaptive Bewältigung zu positiven Einschätzungen von neutralen Geräuschen führen und zu einer physiologischen "Hinwendung zum Stimulus" (mit Vasodilatation am Kopf und Leistungsverbesserung bei Lärm). Unter "defensiver Blockierung" soll ein Verhalten verstanden werden, das eine Über-Akzentuierung des störenden Schall-Ereignisses, ein "gebanntes Hinhören auf den Schall", ein gleichzeitiges Abwehren dieser störenden und auch der übrigen Information umfaßt. Auf der Ebene der direkten Lärm-Verarbeitung müßte sich die defensive Blockierung des Organismus vor allem in physiologischen Abwehrreaktionen (Vasokonstriktion am Kopf) und in Leistungsverschlechterung bei Lärm ausdrücken.

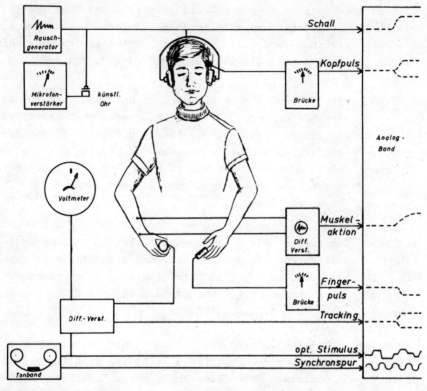

Abbildung 6:

Wichtigster experimenteller Teil der Psychologischen Sektion war
der in Zusammenarbeit mit der Arbeitsphysiologischen Sektion geplante und durchgeführte physiologische Versuch der Erfassung der
direkten physiologischen Lärmverarbeitung bei gleichzeitiger Messung der Kopfpulsamplitude, der elektrischen Muskelaktivität, der
Fingerpulsamplitude und des motorischen Tracking-Fehlers in Ruhe
und bei Darbietung von 85 und 1oo dB Rauschen (Abb. 6). Die sehr
langwierige Datenaufbereitung wurde nach der Digitalisierung der
kontinuierlich und parallel vorliegenden analogen Information in
verschiedenen Ebenen der Komplexität durchgeführt und die erhal-
tenen Daten wurden auf jeder Ebene durch Korrelation und multiple
Regression mit Fluglärm in Verbindung gebracht; zum Beispiel wurden die einzelnen physiologischen Funktionen zunächst als unabhängig voneinander betrachtet und die jeweiligen Mittelwerte in

Ruhe und bei Lärm mit Fluglärm korreliert, dann die Differenzen
zwischen Ruhe und Belastung, weiterhin wurden die Reaktionsformen
bei Belastung in den einzelnen Funktionen durch Trendmaße beschrieben, in denen Art, Steilheit und Geschwindigkeit der Lärm-
Reaktion zum Ausdruck kam, schließlich wurden komplexe Reaktions-
maße erzeugt, die alle gemessenen physiologischen Funktionen umfaßten.

7. Medizinische Untersuchung

Die Untersuchungen der medizinischen Sektion umfaßten 5 Bereiche:

1. medizinische Anamnese, 2. spezielle vegetative Anamnese,
3. ärztliche Untersuchung, 4. klinisch-chemische Untersuchung,
5. experimentell-physiologische Untersuchung.

1. Die Familienanamnese und vor allem eine eingehende Eigenanam-
nese mit vorgegebenen Fragen über wichtige Organerkrankungen sollten dazu dienen, die gesundheitlichen Voraussetzungen für die Belastungen in den experimentell-physiologischen Untersuchungen zu
überprüfen; in diesen Untersuchungen sollte der Frage nachgegan-
gen werden, ob in die Hypothese über die Entstehung der häufigsten menschlichen Erkrankung, der essentiellen Hypertonie, der
Umweltfaktor "Lärm" eingebaut werden kann. Weiterhin sollten die
anamnestischen Angaben auch Vergleichsdaten über gesundheitliche
Nebenbedingungen der jeweiligen Personengruppen liefern, die in
unterschiedlichen Flugbelärmungszonen wohnen.

2. Die im speziellen Teil der Befragung enthaltenen Angaben über
das "Vegetativum" wurden zur Prüfung der Zusammenhangshypothese
zwischen Fluglärmwirkung und der Angabe vegetativer Beschwerden
verwendet.

3. Die klinische Befunderhebung erfolgte teilweise ebenfalls zur
Prüfung der Voraussetzungen für den experimentell-physiologischen
Untersuchungsteil. Vor allem aber sollte an Hand der Befunde überprüft werden, ob Häufigkeitsunterschiede in bestimmten Erkrankun-
gen bzw. des gesundheitlichen Zustands überhaupt zwischen den Personengruppen mit unterschiedlicher Fluglärmbelastung bestehen.

Der anamnestische und der ärztliche Untersuchungsteil enthielten überwiegend qualitative Daten, die nur durch die Antwortmöglichkeiten "Ja", "Nein" und "keine sichere Angabe" gekennzeichnet sind. Um Vergleiche in methodisch differenzierter Form durchführen zu können, wurden - ausgehend von einer Reihe zusammengehöriger oder synchron-indizierender Symptome - im Sinne der Konfigurationsfrequenzanalyse das gesamte kombinatorische Häufigkeitsmuster eines Symptomenkomplexes zwischen 4 Belärmungsstufen verglichen. Um Heterogenitätseffekte auszuschließen, wurden diese (und alle übrigen) Analysen sodann nach Geschlechtern getrennt vorgenommen.

Außer den mehrdimensionalen Konfigurationsfrequenzanalysen sind auch Häufigkeitsvergleiche für die einzelnen anamnestischen Angaben und für die qualitativen Untersuchungsdaten und klinischen Befunde von Interesse.

4. Bei den klinisch-chemischen Befunden standen Blut- und Urinuntersuchungen im Vordergrund. Bei einem Teil dieser Daten sollte geprüft werden, ob deren Ausprägung mit dem Grad der Flugbelärmung im Zusammenhang steht. Diese Frage stellt sich z.B. bezüglich des Cholesterins, das seit der großen amerikanischen Feldstudie im Orte Framingham als einer der wichtigsten Risikofaktoren für den Herzinfarkt bekannt geworden ist.

5. Das experimentell-physiologische Experiment war der Hauptteil der medizinischen Untersuchungen. Dabei wurden Meßdaten in folgenden Variablen erhoben: 1. Electromyointegral (aus den Voruntersuchungen und früheren experimentellen Studien ergab sich, daß das EMI ein sehr feiner Indikator für zentral nervöse Erregungszustände ist; bisher wurde an Menschen noch nicht geprüft, wie sich ein solcher Parameter unter Belärmung ändert); 2. Blutdruck (systolisch und diastolisch); 3. Pulsfrequenz; 4. EKG-Meßdaten; 5. Fingerpuls; 6. Atemfrequenz.

Dabei folgten je 3 Ruhe- und 3 Belastungsphasen mit jeweils minütlich wiederholten Messungen der o.g. Variabeln nach dem Schema: Ruhe 1 - Kopfrechnen, Ruhe 2 - Dauerlärm, Ruhe 3 - stoßweise Belärmung mit nacheinander 60, 80, 100 dB. Aus untersuchungstechni-

schen Gründen wurden die starre Abfolge der Versuchsanordnung beibehalten; Belärmung über Kopfhörer; Gesamtdauer 34 Minuten.

Bei der Auswertung ging es um die Prüfung der Hypothese, ob die
Ruhewerte und die Belastungswerte in den einzelnen Fluglärmzonen
unterschiedlich ausfallen; hierzu wurden mehrfaktorielle varianz-
analytische Ansätze zur Hilfe genommen, sowie Prüfungen auf Line-
arität bzw. Nichtlinearität der Reaktionsgrößen durchgeführt.

Ziel des medizinischen Untersuchungsteils war es somit, die körperlichen Auswirkungen des Fluglärms auf die Gesundheit zu erfor-
schen, wobei besonders die Frage nach der Entstehung der essentiellen Hypertonie interessierte; weiterhin wurde gefragt, ob
durch Vergleich der verschiedenen Bevölkerungsgruppen, besonders
von Männern und Frauen, unterschiedliche Schutzmechanismen gegenüber Stress-Situationen sichtbar gemacht werden können.

8. Interdisziplinäre Auswertung

Ergänzend zu den Auswertungen der einzelnen Sektionen, die die
Fluglärmauswirkungen mit ihren Variablen beschreiben, wurden in
der interdisziplinären Auswertung der Organisatorischen Sektion
alle, d.h. der sozialwissenschaftliche, psychologische plus arbeitsphysiologische, medizinische sowie akustische Datensatz miteinander verknüpft. Dabei wird inhaltlich davon ausgegangen, daß
die Auswirkung des Fluglärms auf den Menschen komplex ist und
durch eine Vielzahl von Einflußgrößen in der Fluglärmsituation
und in der individuellen Lebenssituation beeinflußt wird.

Abb. 7 deutet die denkbaren Interdependenzen an und zeigt noch
einmal, daß eine einfache Reiz-Reaktion-Relation als schon im
Ansatz nicht realitätsadäquat bezeichnet werden muß.

Das statistische Konzept ist deshalb auf multivariate Verfahren
ausgerichtet worden, in denen möglichst viele Aspekte zugleich
analysiert werden sollten.

Die durchgeführten Analysen sollten u.a. klären:

1. Bestehen Kontingenzen zwischen psychischen und somatischen Fluglärmwirkungen (d.h. den Reaktionsgrößen der einzelnen Sektionen?)

2. In welchem Ausmaß sind die Fluglärmwirkungen einerseits durch die akustischen Lärmparameter determiniert und andererseits durch die intervenierenden Einflußgrößen?

3. Welchen relativen Stellenwert haben dabei die soziologischen, die psychologischen und die somatischen Moderatoren der Fluglärmwirkung?

Die Analysen sind teils auf die interdisziplinäre Gesamtgruppe (N= 357), teils auf spezifische Subgruppen bezogen; die wichtigsten Auswertungsmethoden sind Faktorenanalyse, multiple Regression, Diskiminanzanalyse und Pfadmodelle.

Zur Vertiefung der interdisziplinären Auswertung und Interpretation hat das Fluglärmteam im Frühjahr 1972 zweimal Klausurtagungen durchgeführt und dabei Resultate und Deutungen eingehend beraten. Es ging um die Fragen "Was ist Reaktion auf Fluglärm?", "Wie sind beobachtete Wirkungen zu erklären?", "Warum werden manche Effekte nicht deutlicher?".

In der Grafik sollen die Rückkoppelungen die Schwierigkeiten der Interpretationen verdeutlichen, und die Kategorie 'Untersuchbarkeitsbarriere' soll symbolisieren, daß nicht alle denkbaren Fluglärmfolgen auch untersuchbar waren.

Ebenso wurde ausführlich diskutiert, welche Befunde als "nicht akzeptable Fluglärmauswirkungen" bezeichnet werden müssen. Dabei stand die Frage nach der Konkretisierung des Gesundheitsbegriffs deutlich im Vordergrund.
Es wurde weiter diskutiert, ob das Fluglärmteam konkrete Vorschläge über den Rahmen signifikanzfähiger Daten hinaus machen kann, und erörtert, ob und wo sich eine kritische Grenze ziehen ließe.

Bei der Komplexität der zu beantwortenden Fragen, bei dem großen Datenanfall und angesichts der Notwendigkeit einer interdisziplinären Abklärung wird auch der Außenstehende Verständnis dafür haben, daß eine Mitteilung der Ergebnisse nur nach abschließender Beratung des gesamten Fluglärmteams erfolgen kann.

Es empfiehlt sich in Anbetracht der Folgerungen, die aus dieser groß angelegten aufwendigen Untersuchung sicherlich gezogen werden (sowohl von Seiten der Lärmschutzgemeinschaften, als auch von Seiten der Planungs- und Entscheidungsbehörden, aber auch von Seiten der Flughafenbetreiber, und der Flugzeughalter und Flugzeughersteller), daß eine Gesamtdarstellung der Untersuchungsergebnisse gegeben wird.
Diese Gemeinschaftspublikation wird dem Aufbau der hier vorgetragenen Problemanalyse folgen und eine ausführliche Darstellung der Methodik, Ergebnisse und Konsequenzen des Projekts bringen.
Sie soll unter dem Titel "Fluglärmwirkungen - eine interdisziplinäre Untersuchung über die Auswirkungen des Fluglärms auf den Menschen" als DFG-Forschungsbericht im Sommer 1973 erscheinen (herausgegeben von der Deutschen Forschungsgemeinschaft, Bonn-Bad Godesberg).

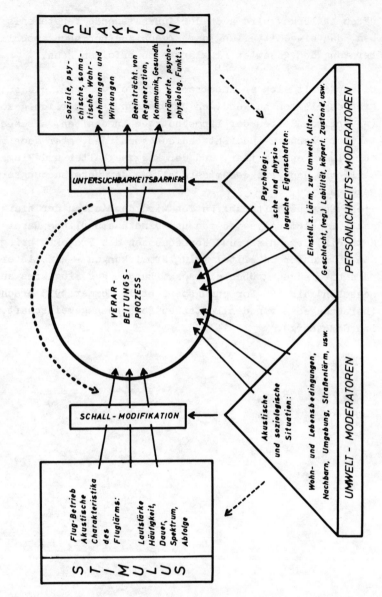

Abbildung 7:

Skizze zur Fluglärmwirkung: Denkbare Stimulus-/Moderator-/
Reaktions-Interdependenz

MÖGLICHKEITEN ZUR GERÄUSCHMINDERUNG AN KRAFTFAHRZEUGEN

von Dr. G. Bobbert, Triangel

Einführung

Die von Kraftfahrzeugen erzeugten Geräusche belästigen die Insassen sowie die Anwohner der Verkehrswege und die Passanten. Beim Innengeräusch sind Privatbenutzer, Teilnehmer am öffentlichen Nahverkehr (in Omnibussen und Mietwagen) und Berufskraftfahrer betroffen. Die vom Außengeräusch Belästigten sind dagegen fast immer völlig unbeteiligt und uninteressiert, was die subjektive Komponente der Lärmbelästigung mitbestimmt. Im folgenden kann jedoch nur auf objektive, physikalisch nachweis- und meßbare Komponenten der Kraftfahrzeuggeräusche eingegangen werden.

Maßstäbe

Bei der Festlegung einer Meßgröße für die Geräusche ist erstens die Forderung zu stellen, daß sie den subjektiv wahrgenommenen Geräuscheindruck möglichst gut, aber objektiv eindeutig meßbar wiedergibt, und zweitens, daß die Messung verhältnismäßig einfach ist und nicht zu komplizierte Meßgeräte erfordert. Hier einen befriedigenden Kompromiß zu finden, ist bis heute nicht recht gelungen. Aus diesem Grunde sind seit Beginn der wissenschaftlichen Untersuchung von Geräuschen, also seit etwa 1925, immer wieder neue Meßgrößen für die Beurteilung der Geräuschwahrnehmung vorgeschlagen worden. In den letzten Jahren hat sich der A-bewertete Schallpegel, gemessen in dB(A), weitgehend durchgesetzt. Im folgenden wird ausschließlich diese Meßgröße verwendet werden.

Wenn man berücksichtigt, daß eine Minderung des Schallpegels um nur 3 dB(A) bereits einer Reduzierung der Schall-Leistung auf die Hälfte entspricht, ist es verständlich, daß zur Messung des A-bewerteten Schallpegels nur Meßgeräte verwendet werden können, die die höchsterreichbare Genauigkeit haben. Die zur Zeit verfügbaren besten Meßgeräte sind Präzisionsschallpegelmesser nach DIN 45 633. Sie weisen aber doch eine Meßunsicherheit von $\pm$ 2 dB(A) auf. Alle im folgenden mitgeteilten Meßwerte sind mit derartigen Meßgeräten gewonnen worden.

45

Die Geräuschstärke eines Kraftfahrzeuges richtet sich nach Meßab-
stand, Meßort und anderen Umgebungsbedingungen. Sie hängt weiterhin ab von der Betriebsweise, wie Motordrehzahl, Leistung und
Fahrgeschwindigkeit. Um vergleichbare Werte zu erhalten, sind die
im folgenden angegebenen Ergebnisse im allgemeinen auf DIN 45 639
(für Innengeräuschmessung)(1) und DIN 45 636 (für Außengeräusch-
messung)(2) bezogen. Die in diesen Normen festgelegten Meßmethoden
kennzeichnen die Geräuschabstrahlung des einzelnen Kraftfahrzeuges. Bei den Außengeräuschen ist jedoch zu bedenken, daß der Hörer
im allgemeinen nicht von einzelnen Fahrzeugen belästigt wird,
sondern daß er die Summe aller zufällig in seiner Nähe vorbeifahrenden Fahrzeuge vernimmt. Es ist daher zwischen dem allgemeinen
Verkehrsgeräusch, z.B. meßbar nach DIN 45 642 (3), und dem von
einem einzelnen Fahrzeug unter definierten Umgebungs- und Betriebs-
bedingungen abgestrahlten Geräusch zu unterscheiden. Da es sich
bei den folgenden Ausführungen um die Geräuschminderung am Kraft-
fahrzeug handelt, ist nur die Messung am Einzelfahrzeug von Interesse. Es ist aber zu beachten, daß der allgemeine Verkehrsgeräuschpegel nur gesenkt werden kann, wenn alle am öffentlichen
Straßenverkehr teilnehmenden Kraftfahrzeuge in ihrem Einzelbeitrag
zum Gesamtgeräusch gemindert werden.

Grenz- und Richtwerte

Für das Innengeräusch in den verschiedenen Arten von Kraftfahrzeugen gibt es empfohlene Richtwerte, die in der Richtlinie
VDI 2574 (zur Zeit noch Entwurf)(4) niedergelegt sind. In Tabelle
1 sind diese Werte im einzelnen aufgeführt. Es ist dabei zu bemerken, daß für die einzelnen Arten von Kraftfahrzeugen jeweils
mehrere Werte empfohlen werden, was eine Einstufung in eine Art
von Güteklassen zuläßt.

Für die Außengeräusche von Kraftfahrzeugen sind im Gegensatz zum
Innengeräusch von der Behörde Grenzwerte festgesetzt. Diese (für
den Bereich der EG geltenden) Grenzwerte sind in Tabelle 2 wieder-
gegeben.

Tabelle 1:

Empfohlene Richtwerte für das Innengeräusch von Kraftfahrzeugen
(aus VDI 2574 E)

Meßwerte nach DIN 45639	Prüfgeschwindigkeit					
	50 Km/h	75% V_{max}*)	50 Km/h	V_{max}**)	50 Km/h	V_{max}**)
dB(A)	Personen-Kraftwagen		Kraft-omnibusse		Last-kraftwagen	
56 bis 60						
61 bis 65	I					
66 bis 70	II		I			
71 bis 75	III	I	II	I	I	
76 bis 80	IV	II	III	II	II	I
81 bis 85		III	IV	III	III	II
86 bis 90		IV		IV	IV	III

*) 75% der vom Hersteller angegebenen Höchstgeschwindigkeit, jedoch nicht mehr als 125 km/h.

**) Bauartbedingte Höchstgeschwindigkeit, jedoch nicht mehr als 80 km/h.

Wie schon erwähnt ergibt sich der allgemeine Geräuschpegel an einer Verkehrsstraße aus der Summe der Beiträge der einzelnen gerade vorbeifahrenden Fahrzeuge. Dieser hängt von der Art der Straße, von den Verkehrsbedingungen und vor allem von der Verkehrsdichte ab. Aus statistischen Untersuchungen hat sich bei Verkehrsverhältnissen, wie sie in Großstädten üblich sind der in Abb. 1 wiedergebene Zusammenhang zwischen dem äquivalenten Dauerschallpegel und der Fahrzeugdichte ergeben.

Tabelle 2:

Höchstzulässige Grenzwerte des Fahrgeräusches nach DIN 45 636 für
die Kraftfahrzeugarten (Behördlich vorgeschrieben in den Ländern
der E.G.).

1. a	PKW, Leistungsgewicht	$\leq$ 70 DIN-PS/t	80 dB(A)
b	PKW, Leistungsgewicht	> 70 DIN-PS/t	84 dB(A)
2. a	Nutzfahrzeuge, Gesamtgewicht	$\leq$ 3,5 t	85 dB(A)
b	Nutzfahrzeuge, Gesamtgewicht	> 3,5 t	89 dB(A)
3. a	Nutzfahrzeuge der Land+Forstwirtschaft	" $\leq$ 2,5 t	85 dB(A)
b	Nutzfahrzeuge der Land+Forstwirtschaft	" > 2,5 t	89 dB(A)
4.	Nutzfahrzeuge, Leistung	> 200 DIN-PS	92 dB(A)
5.	Krafträder		84 dB(A)
6. a	Kleinkrafträder V_{max}	> 40 km/h	79 dB(A)
b	Kleinkrafträder V_{max}	$\leq$ 40 km/h	73 dB(A)
7. a	Mopeds V_{max}	$\geq$ 25 km/h	73 dB(A)
b	Mopeds V_{max}	< 25 km/h	70 dB(A)
	Bei eingeschalteter Motorbremse jeweils + 2 dB(A)		

Quellen und Übertragungswege

Das Gesamtgeräusch eines Kraftfahrzeuges, und zwar sowohl das
Innengeräusch wie das Außengeräusch, geht von mehreren Teilgeräuschquellen im Fahrzeug aus und kann auf verschiedenen Wegen
von diesen Quellen zum Hörer gelangen. Als Hauptgeräuschquellen
in Kraftfahrzeugen seien genannt: Rollgeräusch, Triebwerksgeräusch, Windgeräusch, Geräusch der Hilfseinrichtungen, wie
Wischer, Heizung, Lüfter der Klimatisierung. Daneben kommen auch

mittelbare Teilschallquellen vor, z.B. lose Teile, die durch vom Triebwerk oder vom Fahrwerk ausgelöste Schwingungen zum Tönen gebracht werden. Hierzu gehören auch Resonatoren, die ebenfalls durch einwirkende Schwingungen in ihrer Resonanz erregt werden.

Der von den genannten Teilgeräuschquellen eines Kraftfahrzeuges ausgehende Schall kann als Luftschall oder als Körperschall zu dem häufig nicht mit seinem Herd identischen Abstrahlungsort gelangen. Das Triebwerksgeräusch beispielsweise kann auf unmittelbarem Luftschallwege oder durch Körperschall-Leitung über die Motorenaufhängung die Trennwand zwischen Motorraum und Innenraum zu Schwingungen erregen. Der von den Insassen wahrgenommene Geräuschpegel wird dann von der Trennwand abgestrahlt.

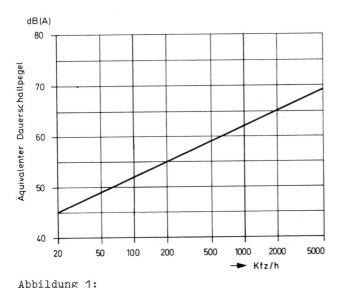

Abbildung 1:
Energieäquivalenter Dauerschallpegel L_{eq} in dB(A) in Abhängigkeit von der Verkehrsdichte (beide Fahrtrichtungen zusammen) bei in Großstädten üblichen Verkehrsbedingungen.

Minderungsmaßnahmen

Eine wirksame Minderung des Gesamtgeräusches innerhalb oder außerhalb eines Kraftfahrzeuges setzt die Kenntnis des lautesten Beitrages der verschiedenen Teilgeräusche zum Gesamtschall voraus. Nur die Minderung des Beitrages zum Gesamtgeräusch, der im Gesamtgeräusch am stärksten hervortritt, kann zu einer Reduzierung des Gesamtgeräusches führen. Ehe also mit den Minderungsmaßnahmen begonnen werden kann, müssen die Beiträge der einzelnen Geräuschquellen ermittelt werden. Außerdem ist zu untersuchen, ob diese Beiträge von der Quelle zum Hörer vorwiegend auf dem Körperschallwege oder durch Luftschall-Leitung gelangen. Auf die zeitraubenden und teilweise schwierigen Methoden zur Ermittlung der Beiträge kann hier im einzelnen nicht eingegangen werden.

Aus vielen Untersuchungen hat sich ergeben, daß das reine Rollgeräusch, welches durch das Abrollen des Fahrzeuges auf der Straße erzeugt wird, bei guter Straße, bei Benutzung von Sommerreifen und bei zügiger Fahrt von untergeordneter Bedeutung für das Gesamtgeräusch ist. Bei langsamer Fahrt ohne Beschleunigung und mit niedriger Motordrehzahl kann das Rollgeräusch einen merklichen Beitrag liefern. Bei schlechter Straßenoberfläche (Pflaster) und bei Verwendung von Winterreifen kann das Rollgeräusch einen wesentlichen Beitrag zum Gesamtgeräusch liefern. Dies kann z.B. immer bei Baustellen-Fahrzeugen vorausgesetzt werden, die auch im Sommer stark profilierte Reifen haben, um die Fahrt auf schwierigem Baustellengelände überhaupt erst zu ermöglichen. Auch bei nasser Fahrbahn sind die Rollgeräusche je nach Art des Reifenprofils deutlich herauszuhören.

Beim Triebwerksgeräusch ist zwischen dem Geräuschbeitrag des Gaswechsels und dem sogenannten mechanischen Geräusch von Motor und Getriebe zu unterscheiden. Die Abgasschalldämpfer moderner Kraftfahrzeuge sind im allgemeinen so gut an das Fahrzeug angepasst, daß sie bei einem Minimum an Leistungseinbuße ein Maximum an Schalldämpfung gewährleisten. Bei Nutzfahrzeugen ist verschiedentlich durch eine Verbesserung des Abgasschalldämpfers noch eine Senkung des Gesamtgeräusches möglich. Ein Beispiel hierfür wird noch beschrieben werden.

Wegen der erhöhten Korrosion durch die Auspuffgase werden Auspuffschalldämpfer häufig nach verhältnismäßig kurzer Betriebsdauer defekt. Ihr Beitrag zum Gesamtgeräusch kann dann erheblich, ja dominierend sein. Es versteht sich, daß solche Dämpfer schnell ausgewechselt oder repariert werden müssen. Trotzdem hört man nicht selten im Straßenverkehr Fahrzeuge mit defekten Abgasschalldämpfern deutlich heraus.

Eine weitere Quelle für Gaswechselgeräusche bieten unzureichend ausgelegte Ansaugdämpfer. Da der Luftdurchsatz, und damit der Geräuschbeitrag von der Stellung der Drosselklappe abhängt, machen sich die Ansauggeräusche vorwiegend bei Beschleunigungsvorgängen bemerkbar. Merkliche Geräuschminderungen wären, auch bei vielen in Großserie gefertigten Kraftfahrzeugen, durch bessere Ansaugschalldämpfer zu erreichen.

Die sogenannten mechanischen Geräusche eines Motors sind auf verschiedene Ursachen zurückzuführen. In der Regel liefern die hin- und her-gehenden unausgewuchteten Massen der Kolben den Hauptbeitrag (Abb. 2). Wenn - wie bei Motoren mit weniger Zylindern - durch eine geeignete Zylinderanordnung keine Kompensation dieser freien Massenkräfte erreicht werden kann, ist eine Kapselung des gesamten Motorraumes unumgänglich. Eine solche Kapselung ist bei den heutigen Kraftfahrzeugen fast immer außerordentlich schwierig und wird daher fast nirgends konsequent angewendet. Nicht nur ist der für die Kapselung notwendige Platz selten vorhanden; durch die Kapselung wird auch die Zugänglichkeit bei Reparaturen und Wartungsarbeiten stark eingeschränkt. Vor allem aber wird durch eine schalldichte Kapselung auch der Wärmehaushalt des Triebwerkes so nachhaltig beeinträchtigt, daß nur durch zusätzliche Lüftung und Kühlung Abhilfe möglich ist. Solche Belüftung des Motorraumes kann neue Geräuschprobleme mitsichbringen, deren Lösung einen weiteren Teil des ohnehin knappen Platzes erfordert.

Windgeräusche spielen sowohl beim Innen- wie beim Außengeräusch nur bei schneller Fahrt eine merkliche Rolle. Sie lassen sich durch windschlüpfige Ausformung der Außenkonturen der Fahrzeuge auf einen befriedigend niedrigen Beitrag zum Gesamtgeräusch herabdrücken.

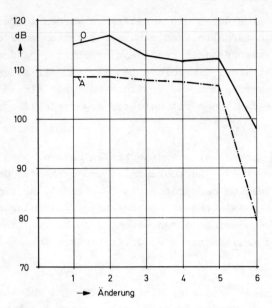

Abbildung 2:

Schallpegel im Nahfeld eines fremdgetriebenen luftgekühlten 4 Zy-
linder-Reihenmotores (auf Prüfstand montiert) bei nacheinander
Abschaltung der Triebwerksteile; Motordrehzahl 5400 U/min.: 1 =
Ausgangszustand; 2 = Ventilator abgeschaltet; 3 = Luftleitbleche
entfernt; 4 = verändertes Kolbenspiel; 5 = Kolben und Pleuelstan-
gen entfernt; Kurve O = unbewerteter Schallpegel in dB; Kurve
A = A-bewerteter Schallpegel in dB(A).

Unter den Hilfseinrichtungen liefert häufig die Heizung einen
merklichen Beitrag zum Innengeräusch, während das Außengeräusch
kaum dadurch beeinflußt ist. Minderung ist durch Verwendung ge-
räuscharmer Lüfter möglich. Die Beseitigung von Klappergeräuschen
erfordert unendlich viel Kleinarbeit und gelingt doch kaum befriedigend. Vor allem bei Nutzfahrzeugen gibt es viele Teile, die erhöhtem Verschleiß unterliegen, die immer wieder - oft nur in bestimmten Geschwindigkeitsbereichen als mittelbare Teilschallquelle
herauszuhören sind.

Beispiel für die Anwendung

An einem im Stadtverkehr häufig vorkommenden Autobustyp soll gezeigt werden, wie die allgemein beschriebenen Erkenntnisse praktisch angewendet werden konnten (5). Durch vorausgehende Untersuchungen war erkannt worden, daß das Außengeräusch vorwiegend
vom Triebwerk, hingegen unerheblich vom Rollen auf der Fahrbahn
herrührte. (Das Innengeräusch wurde zunächst außer Acht gelassen).
Systematisch wurden die einzelnen Teilschallquellen nacheinander
entweder unmittelbar gemindert oder es wurde der Übertragungsweg
zwischen ihnen und der Außenwand des Fahrzeuges gestört. Die einzelnen Stationen dieses Vorgehens sind durch die in Tabelle 3 zu-
sammengestellten Meßwerte (nach DIN 45 636) markiert.

Tabelle 3:
Schallpegel von Rundumgeräusch (Mittelwert aus allen Meßstellen)
und Fahrgeräusch nach DIN 45 636 des Versuchsfahrzeuges (Autobus
für städt. Linienverkehr). Erläuterung im Text.

Getroffene Maß-nahmen	Rundummessung Mittelwert	Fahrgeräusch	
		links (Auspuffseite)	rechts (Lüfterseite)
1. Ausgangszustand	79,0 dB (A)	90,2 dB (A)	89,6 d B (A)
2. Motorklappe gedichtet, Motorraum schallabsorbierend ausgekleidet	75,0 dB (A)	84,7 d B(A)	84,7 d B(A)
3. Lüfter abgeschaltet	70,1 d B(A)	—	—
4. Lüfter gedämpft	71,4 d B (A)	84,0 d B(A)	80,0 d B(A)
5. Motor gekapselt	70,8 d B (A)	80,5 d B (A)	80,0 d B(A)
6. Zusätzl. Abgas-schalldämpfer	70,4 dB (A)	78,7 d B(A)	78,7 d B (A)

(Die gebrochenen dB-Werte erklären sich aus der Mittelwertbildung über
mehrere Messungen).

Zur Erläuterung der Ergebnisse in den 6 Zeilen von Tabelle 3 sei vermerkt:

1. Zur Messung des Ausgangszustandes wurde ein fabrikneues, aber eingefahrenes Fahrzeug verwendet.

2. Der für Wartung und Reparaturen mittels einer Klappe in der Rückwand zu öffnende Motorraum wurde abgedichtet. Da der Motorraum aber nach unten, zur Straße hin, nicht abgeschlossen war, wurde der Innenraum wenigstens mit Absorptionsmaterial ausgekleidet.

3. Um den Beitrag des Lüfters zu ermitteln, wurde dieser kurzzeitig völlig abgeschaltet, was jedoch ohne Gefährdung des Motors nur im Leerlauf (bei der Rundummessung) möglich war.

4. Durch schallabsorbierende Auskleidung des Ansaugkanales für die Kühlluft konnte das Lüftergeräusch großenteils, aber nicht voll unhörbar gemacht werden, wie der Vergleich mit abgeschaltetem Lüfter zeigt (s. Zeile 3 der Tabelle 3). Abb. 3 zeigt den zur Vergrößerung der Wandfläche kulissenartig ausgebildeten Absorptionseinsatz des Luftkanals.

Abbildung 3:
Innenauskleidung des Ansaugkanales für die Kühlluft des Motors.

54

5. Weitere Minderungen waren nur durch eine völlige Kapselung des Motorraumes zu erreichen. Die laut Absatz 2 nach unten hin offene Seite wurde jetzt ebenfalls abgedichtet. Die Temperaturerhöhung im Motorraum konnte dabei durch geeignete Maßnahmen im zulässigen Bereich gehalten werden.

6. Durch die im Absatz 2,4 und 5 beschriebenen Minderungen trat das vorher im Gesamtgeräusch verdeckte Auspuffgeräusch hervor. Sein Beitrag konnte durch einen Zusatzdämpfer wieder unter das erniedrigte Niveau des verbleibenden Gesamtgeräusches gedrückt werden. Aus Platzmangel wurde der Zusatzdämpfer zunächst auf dem Dach montiert (Abb.4). Als Dauerlösung wäre es notwendig geworden, den Zusatzdämpfer in den serienmäßigen Auspuff zu integrieren, doch kam es hier nur darauf an nachzuweisen, welche Möglichkeiten zur Geräuschminderung bestehen.

Abbildung 4:
Zusätzlicher Abgasschalldämpfer, provisorisch auf dem Dach montiert und an die Auspuffmündung angeschlossen. Auf der Straße erkennt man die für die Motorkapselung verwendeten Wandteile. Im Hintergrund der in Abb. 4 gezeigte Einsatz.

Der Vergleich von Zeile 6 mit Zeile 1 der Tabelle 3 ergibt eine Gesamtminderung um 1o dB(A), was wegen des logarithmischen dB-Maßstabes einer Minderung der Schalleistung im Verhältnis 1o : 1 entspricht. In subjektiven Lautheitseinheiten ausgedrückt ergibt sich eine Minderung von 16 sone auf 8 sone beim Rundumgeräusch

und von 32 sone auf 16 sone beim Fahrgeräusch, also eine Halbie-
rung der Lautheit. Besonders betont sei aber, daß der technische
Aufwand und auch die Kosten zum Erreichen dieses Ergebnisses
durchaus tragbar waren. Es ist daher auch möglich gewesen, die
Bauvorschriften für diesen Fahrzeugtyp so abzuändern, daß bei
künftigen Neubauten die hier beschriebenen Verbesserungen serien-
mäßig erreicht werden.

LITERATUR

1   DIN 45 639   Innengeräuschmessungen in Kraftfahrzeugen

2   DIN 45 636   Außengeräuschmessungen an Kraftfahrzeugen

3   DIN 45 642 E Messung des Verkehrsgeräusches

4   VDI 2574   E   Beurteilung der Innengeräusche von Kraftfahr-
     zeugen - Hinweise für ihre Minderung -

5   Im einzelnen beschrieben in einem, zur Zeit noch unveröffent-
     lichten Bericht über ein Forschungsvorhaben des Bundes-
     verkehrsministeriums

BAUTECHNISCHE MASSNAHMEN ZUM SCHUTZ VOR STRASSENLÄRM [+)]

von Dipl.-Ing. G. Schupp
Institut für Bauphysik der Fraunhofer-Gesellschaft zur Förderung
der angewandten Forschung, Stuttgart

Noch vor 2o Jahren richtete sich die Aufmerksamkeit der Akustiker
im Wohnhausbau darauf, daß die Luft- und Trittschalldämmung zwischen den Wohnungen ausreichend war bzw. ständig verbessert wurde.
Dann traten die Geräusche von Wasserarmaturen in den Vordergrund.
Diese Probleme sind heute gelöst und werden in der Praxis hinreichend berücksichtigt.

Inzwischen hat sich eine neue Aufgabe gestellt. Infolge des stark
gestiegenen Verkehrsaufkommens hat auch die Stärke des Straßenver-
kehrsgeräusches stark zugenommen, so daß neben der Industrie der
Straßenverkehr zur störendsten Lärmquelle geworden ist, die breite
Bevölkerungskreise betrifft.

Wenden wir uns zunächst der Frage zu, wie laut Straßenverkehrsgeräusche vor Wohnhäusern heute sind, und wie laut sie höchstens
sein dürften, ohne die Bewohner zu stören, und welche Wirkung
Lärmschutzmaßnahmen daher haben müssen. Dabei trennt man Tag und
Nacht, wobei sowohl die Verkehrsgeräuschpegel als auch die Anforderungen am Tage und in der Nacht verschieden sind.

Zur Kennzeichnung der Stärke von Verkehrsgeräuschen wird der
äquivalente Dauerschallpegel, ein Mittelwert des A-bewerteten
Schallpegels benützt. Er wird je nach Abstand von der Straße und
der Verkehrsdichte kurzzeitig überschritten, z.B. in unmittelbarer Straßennähe um 1o dB(A).

Die Werte des äquivalenten Dauerschallpegels kann man entweder
aus einer Messung gewinnen oder, was vor allem für erst geplante
Straßen wichtig ist, auch errechnen. Ein Rechenverfahren hierzu

---

[+)]Im Auftrag der Forschungsgemeinschaft Bauen und Wohnen,
Stuttgart, untersucht.

ist z.B. in der Vornorm DIN 18 oo5, "Schallschutz im Städtebau",
enthalten.

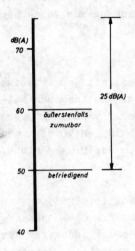 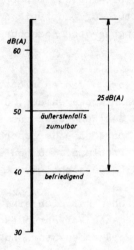

Abbildung 1:
Straßenverkehrsgeräuschpegel
und Umfang nötiger Lärm-
schutzmaßnahmen bei Tag

Abbildung 2:
Straßenverkehrsgeräuschpegel
und Umfang nötiger Lärm-
schutzmaßnahmen bei Nacht

Am Tage ergibt sich eine Situation, wie sie in Abb. 1 dargestellt
ist. Die Werte des äquivalenten Dauerschallpegels von Straßenver-
kehrsgeräuschen betragen in engen Stadt-Durchgangsstraßen und in
der Nähe von Autobahnen bis 75 dB(A).

Dies ist um 15 dB(A) mehr, als für den Verkehrsgeräuschpegel vor
einem Wohnzimmer zumutbar ist und übersteigt den Schallpegel für
befriedigende Verhältnisse um 25 dB(A).

Die untere Grenze von hier 4o dB(A) wird nur in Ausnahmefällen,
weitab vom Verkehr, erreicht.

Die Anforderungen für ungestörtes Wohnen - bis 5o dB(A) befriedigende Verhältnisse, 6o dB(A) äußerstenfalls zumutbar - sollen

sicherstellen, daß der Schallpegel in den Wohnräumen hinreichend niedrig ist. Sie setzen voraus, daß die Raumlüftung über teilweise geöffnete Fenster geschieht, und daß der Pegel in den Räumen ca. 1o dB niedriger ist als vor dem Fenster. Lärmminderungsmaßnahmen müssen danach – je nach Ansprüchen – eine Wirkung von 15 bis 25 dB(A) erreichen.

Die Verhältnisse für die Nachtzeit sind in Abb. 2 dargestellt. Die Werte des äquivalenten Dauerschallpegels des Verkehrsgeräusches betragen bis über 65 dB(A), die Schallpegel für ungestörtes Schlafen sind hier 1o dB(A) geringer als die für ungestörtes Wohnen, nämlich, bis 4o dB(A) befriedigende Verhältnisse bis 5o dB(A) äußerstenfalls zumutbar.

Somit sind auch für die Nacht Lärmminderungs-Maßnahmen – je nach Ansprüchen – mit einer Wirkung von bis zu 15 bzw. 25 dB(A) erforderlich.

Das sind zunächst die gleichen Zahlenwerte für die benötigte Wirkung von Lärmschutzmaßnahmen wie am Tage. Eine genauere Betrachtung zeigt jedoch, daß die Lärmpegel für ungestörtes Schlafen eher noch kleiner sein sollten, als 1o dB(A) unter den Werten für ungestörtes Wohnen, während die Verkehrsgeräuschpegel in der Nacht nur bis zu 8 dB(A) niedriger sind als am Tage. Deshalb sind fast immer zum Schutze der Nachtruhe Maßnahmen mit größerer Wirkung erforderlich als zum Schutze gegen Störungen bei Tag.

Eine Senkung des Geräuschpegels der Schallquellen, also der Kraftfahrzeuge, ist, jedenfalls in der geforderten Größenordnung, nicht zu erwarten und zum Teil auch nicht möglich (siehe Reifengeräusche, die beim schnell fahrenden Pkw dominieren). Auf dem bautechnischen Gebiet sind jedoch einige Einwirkungsmöglichkeiten gegeben, wobei vom Fall noch nicht erstellter Neubauten ausgegangen wird.

1. Maßnahme: Vergrößerung des Straßenabstandes

Die Wirkung dieser Maßnahme wird in der Regel überschätzt. Während der Maximalpegel bei der Vorbeifahrt eines Einzelfahrzeuges

je Verdoppelung der Entfernung um 6 dB(A) abnimmt, sinkt der
äquivalente Dauerschallpegel nur um 3 dB(A) ab.

Ein Beispiel: Vergrößert man den Abstand eines Hauses von der
Straße von 25 m auf 1oo m, so sinkt der äquivalente Dauerschallpegel um 6 dB(A), allerdings nimmt der Maximalpegel eines einzelnen Fahrzeugs um 12 dB(A) ab. Verglichen mit der nötigen Verbesserung ist dies nicht ausreichend.

Die angegebene Abnahme des äquivalenten Dauerschallpegels mit der
Entfernung, wie sie sich nach der Rechnung für eine Linienschall-
quelle ergibt, ist nicht nur graue Theorie.

Als Beispiel seien in Abb. 3 Schallpegelmessungen in verschiedenen Abständen von einer Autobahn gezeigt. Die gemessene Abnahme
der Schallpegel mit der Entfernung stimmt gut mit den Rechenwerten
nach der Geraden a überein.

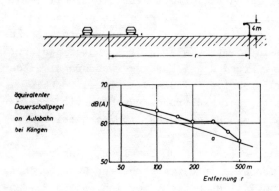

Abbildung 3:
Der Geräuschpegel des Straßenverkehrs nimmt mit der Entfernung
zur Straße nur um ca. 3 dB(A) je Verdoppelung der Entfernung ab

2. Maßnahme: Abschirmwälle und -wände

Wird die direkte Schallausbreitung vom geräuscherzeugenden Fahrzeug auf der Straße zum Wohnungsfenster durch ein festes Hindernis unterbrochen, so tritt vor dem im Schallschatten liegenden
Fenster eine Schallpegelminderung auf, die umso größer ist, je
größer der Beugungswinkel ist, siehe Abb. 4, oberer Teil.

Abbildung 4:
Der Schallbeugungswinkel und die hiermit verbundene Abschirmwirkung sind hinter einem Haus besonders groß

Wird die Sicht vom Fenster zum Fahrzeug gerade verdeckt, so beträgt die Pegelsenkung ca. 6 dB(A). Vergrößert man die Wallhöhe,
so kann man Pegelsenkungen von bis zu 1o dB(A), in Ausnahmefällen
bis zu 15 dB(A) beobachten.

Die Art des Schallschirms - ob schallabsorbierend oder nicht -
ist für die Abschirmwirkung nicht entscheidend. Sie bestimmt lediglich, ob auf der Straße eine Pegelerhöhung durch Reflexion
auftritt oder nicht.

Bei sehr hohen Gebäuden in geringem Abstand von einer Straße
wird es nicht möglich sein, einen Wall von solcher Höhe zu errichten, daß die Sicht auch von den oberen Stockwerken zur Straße
verdeckt wird. Wälle sind somit zum Schutz von Hochhäusern nicht
geeignet.

3. Maßnahme: Orientierung der Bauten

Wirksamer als die bisher genannten Maßnahmen ist - falls möglich -
die von der Straße abgewandte Orientierung des Gebäudes in der
Weise, daß die für die Lüftung geöffneten Fenster durch das Gebäude selbst weitgehend abgeschirmt werden. Diese Abschirmung ist,

63

wie man aus der Erfahrung weiß, sehr wirksam. Sie beträgt mindestens 15 dB(A), meist sogar mehr. Der Grund hierfür ist, daß der Beugungswinkel über das Gebäude hinweg sehr groß ist, siehe Abb.4, unterer Teil.

Soweit die Orientierung der Schlaf- und Wohnräume weg von der Straße möglich ist, ist das Problem der Straßenverkehrsgeräusche weitgehend gelöst.

Abb. 5 zeigt ein Beispiel für abgewandte Orientierung; ein siebengeschossiges Gebäude liegt 60 m von einer vierspurig ausgebauten Bundesstraße entfernt. Auf der Straßenseite dieses Gebäudes liegen nur Laubengänge mit Wohnungseingängen und Nebenräumen. Sämtliche Wohn- und Schlafräume liegen auf der straßenabgewandten Seite.

Abbildung 5:
Beispiel für die abgewandte Orientierung von Wohn- und Schlafräumen bei einem Wohnhaus nahe einer Schnellstraße.
Auf der Straßenseite befinden sich nur Eingänge und Nebenräume
(Laubengangtyp)

Überschlägige Messungen haben ergeben, daß der Lärm der Bundesstraße auf der abgewandten Seite um mindestens 2o dB(A) schwächer
ist als auf der Straßenseite, wobei noch Verkehrsgeräusche einer
nahegelegenen Autobahn das Meßergebnis verschlechtert haben.
Ob die Orientierung des Baukörpers bzw. die Grundrißgestaltung
als Mittel zur Lärmabschirmung ausgenutzt werden kann, hängt natürlich von der Himmelsrichtung ab, in der Wohnhaus und Straße
zueinander liegen, so daß diese Maßnahme manchmal überhaupt nicht,
in anderen Fällen dagegen, wie im gezeigten Beispiel, zwanglos
angewandt werden kann.

Der hier außerdem noch aufgeschüttete Wall ist 5 m hoch und erreicht die Höhe des Fußbodens des 2. Obergeschosses. Im Erdge-
schoß beträgt die Abschirmwirkung 15 dB(A). Ab dem 4. Obergeschoß
jedoch ist keine Wirkung mehr vorhanden. Die Aufschüttung eines
Walls allein hätte also nicht ausgereicht. Er dient hier eher
zur Abgrenzung des Wohngebietes von der Straße.

4. Maßnahme: Abschirmwirkung durch Balkone und Loggien

Eine gewisse Abschirmwirkung kann man auch durch Balkone, Loggien
und bei Terassenhäusern erreichen.

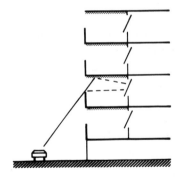

Abbildung 6:
Die Abschirmwirkung einer Loggia oder eines Balkones läßt sich
durch schallschluckende Verkleidung verbessern

In Abb. 6 ist die Abschirmwirkung der Brüstung einer Loggia dargestellt. Die Abschirmwirkung tritt vor allem dann auf, wenn das Fahrzeug sehr nahe am Haus vorbeifährt, oder die Wohnung sehr hoch liegt. Die Abschirmwirkung kann sich aber nur dann auswirken, wenn an der Decke der Loggia keine Schallreflexion auftritt, die Decke also schallabsorbierend verkleidet ist.

Versuche mit Loggien, die schallabsorbierend ausgekleidet waren, ergaben Lärmminderungen im angrenzenden Wohnraum von etwa 5 dB(A) gegenüber dem Fall, daß das Fenster unmittelbar dem Verkehrslärm ausgesetzt war.

5. Maßnahme: Verwendung von hochschalldämmenden Fenstern

Die letzte und wirksamste Maßnahme zur Minderung der Verkehrslärmeinwirkung auf Wohnungen besteht in der Verwendung von hochschalldämmenden Fenstern.

Die genannten Anforderungen an Verkehrsgeräuschpegel vor Wohnhäusern waren auf zumindest teilweise geöffnete Fenster bezogen. Gelingt es, die nötige Lüftung auf eine andere Weise zu erzielen, dann kommt die Dämmung des geschlossenen Fensters zum Tragen.

Zwischen teilweise offenem und völlig geschlossenem Fenster ergibt sich eine Schallpegelabnahme im Raum von normalerweise etwa 1o bis 15 dB(A), bei ausgesprochen gut schalldämmenden Fenstern bis 3o dB(A). Damit können alle Werte der Pegelminderung für die Straßenverkehrsgeräusche, auch die, die für den ungünstigsten Fall gefordert werden, erreicht werden.

Die Schwierigkeiten liegen dabei weniger bei der Konstruktion der Fenster, als bei der Erreichung einer ausreichenden Lüftung. Klimaanlagen scheiden dafür aus Kostengründen aus.

Bei der in Abb. 7 dargestellten Konstruktion eines Lüftungsfensters, das hier im Prinzip dargestellt ist, bildet das Fenster mit den beiden schalldämmenden Kanälen für die Zu- und Abluft zusammen mit einem walzenförmigen Abluftventilator eine Einheit. Diese Anordnung eignet sich vor allem für die nachträgliche Verbesserung bereits bestehender Bauten oder für die Fälle, bei denen nur wenige Räume geschützt werden müssen. Rechts im Bild sind die Terzgeräuschpegel: a vor dem Fenster, b im Raum bei geöffnetem Fenster und c im Raum bei geschlossenem Fenster, aufgetragen.

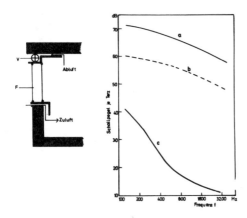

Abbildung 7:
Prinzip eines Lüftungsfensters mit der Verglasung F und dem Ventilator V
Diagramm: a) Terzpegel des Verkehrsgeräuschs vor dem Fenster
         b) Terzpegel im Raum, bei geöffnetem Fenster und
         c) bei geschlossenem Fenster

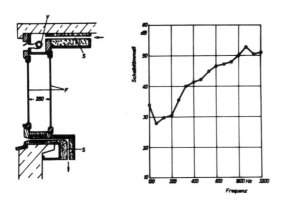

Abbildung 8:
Ausführung eines Lüftungsfensters (Kastenfenster) nach Bild 7
S: Schalldämpfer, F: Fensterverglasung
Diagramm: Frequenzgang der Schalldämmung mittleres Schalldämm-Maß: 42 dB

In Abb. 8 ist die gleiche Konstruktion im einzelnen dargestellt.
Das Fenster mit einem Scheibenabstand von 25o mm ist als Kastenfenster ausgebildet. Rechts im Bild ist das Schalldämm-Maß der Anordnung aufgetragen, wie sie im Laboratorium nach der Zwei-Hall-
räume-Methode gemessen wurde. Das mittlere Schalldämm-Maß beträgt
42 dB.

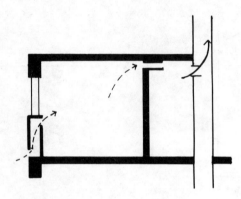

Abbildung 9:
**Prinzip der Belüftung über Schalldämpfer und Entlüftung über
zentralen Abluftschacht**

In Abb. 9 ist die prinzipielle Wirkungsweise eines Lüftungsfensters mit zentralem Abluftventilator dargestellt. Diese Anordnung
wurde von A. Carroux in größerem Umfang angewandt. Die Abluft
wird von einem zentralen Ventilator über Dach aus den Räumen über
den Flur abgesaugt. Die nachströmende Zuluft gelangt von der
Außenfassade über einen schalldämmenden Kanal in den Raum.

Eine etwas ausführlichere Darstellung des Lüftungsfensters nach
Carroux wird in Abb. 1o gezeigt. Der Lufteintritt in den Raum erfolgt über dem Heizkörper. Es werden ähnliche Lüftungsverhältnisse
wie beim teilweise geöffneten Fenster erreicht, nur daß mit der
Luft nicht auch der Straßenlärm eindringen kann. Um die Geräusch-
ausbreitung von einem Raum zum anderen und von einem Stockwerk zum
anderen zu verringern, befinden sich zwischen den Räumen und dem
Flur und zwischen Flur und Abluftschacht zusätzliche Schalldämpfer.

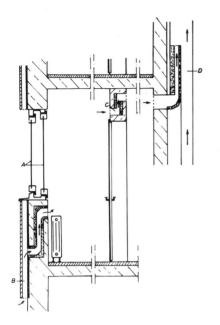

Abbildung 1o:

Ausführung der Raumbe-
lüftung nach Bild 9

A : Fenster
B : Zuluftkanal
C : Abluftkanal zum Flur
D : zentraler Abluft-
    schacht mit Dachventi-
    lator

Natürlich ist gerade diese Maßnahme nur bei Neubauten anwendbar.
Die Erfahrungen mit so ausgestatteten Wohnungen - dicht bei einer verkehrsreichen Straße - erscheinen nach dem bisherigen Ein-
druck und dem Urteil der Bewohner sehr gut. Genauere Untersuchungen über den Lüftungseffekt und die Schalldämmwirkung werden
vom Institut für Bauphysik, Stuttgart, im Auftrag der Forschungsgemeinschaft Bauen und Wohnen in Kürze durchgeführt werden. Im
übrigen können die Fenster in diesen Wohnungen nach wie vor ge-
öffnet werden, was zur gelegentlichen gründlichen Lüftung, und
aus psychologischen Gründen erforderlich erscheint. Hierbei werden umso höhere Anforderungen an die Fensterfalzdichtung gestellt,
je besser die Schalldämmung der Fensterverglasung ist.

Zusammenfassung

Wir haben gesehen, daß es eine Reihe von bautechnischen Maßnahmen
zum Schutz vor Straßenverkehrslärm gibt, die - je nach nötiger
Wirkung - einzeln oder kombiniert anwendbar sind.

69

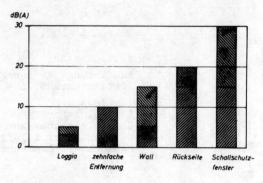

Abbildung 11:
Wirkung einzelner Schallschutzmaßnahmen mit Streubereich

In Abb. 11 ist die Wirkung dieser Maßnahmen zusammengestellt. Der
untere Teil der Säulen gibt die Mindestwirkung der Maßnahme an,
der obere Teil den bei dieser Maßnahme möglichen Spielraum.

Die Wirkung der Maßnahmen im einzelnen:

Schallschluckend ausgekleidete Loggia 3 bis 5 dB(A).
Zehnfache Entfernung des Hauses von der Straße 1o dB(A).
Lärmschutzwall 5 bis 15 dB(A).
Abgewandte Orientierung der Wohn- und Schlafräume zur Rückseite
15 bis 25 dB(A),
und schließlich Schallschutzfenster mit Lüftung über schalldäm-
mende Kanäle 15 bis 3o dB(A).

In manchen Anwendungsfällen kann bei nicht zu starkem Verkehr
und niedrigen Bauten ein Abschirmwall zusammen mit genügend großer
Entfernung von der Straße ausreichen. In anderen Fällen kann die
von der Straße abgewandte Orientierung von Wohn- und Schlafräumen
das Problem befriedigend lösen.

Die wirksamste Maßnahme ist die Verwendung von Schallschutzfens-
tern mit schalldämmenden Lüftungsöffnungen. Sie erfordert allerdings nicht unerhebliche finanzielle Aufwendungen. Sie betragen
nach Angaben etwa 2,5 % der Bausumme.

Durch diese Schallschutzmaßnahme am Bauwerk selbst können allerdings nicht die Störungen in der Umgebung des Hauses, z.B. auf
dem Balkon, im Garten usf., vermieden werden. Sie bietet aber
allein die Möglichkeit, die Wohnung selbst in allen praktisch
vorkommenden Fällen ausreichend vor Störungen durch Straßenverkehrslärm zu schützen.

MÖGLICHKEITEN UND GRENZEN DER LÄRMMINDERUNG IM BETRIEB

von Dr. Wilhelm Grotheer [+]

1. Notwendigkeit der Lärmminderung

Im Umweltprogramm der Bundesregierung wird festgestellt, daß
"etwa jeder fünfte gewerbliche Arbeitnehmer in der Bundesrepublik
Deutschland heute einer Gehörbelästigung ausgesetzt ist, die sein
Gehör gefährdet". An anderer Stelle heißt es: "Die Lärmbekämpfung
will erreichen, daß grundsätzlich niemand durch Lärm gefährdet,
erheblich benachteiligt oder erheblich belästigt wird". Und weiter:
"Dem Lärm gewerblicher Anlagen wird man entgegentreten, indem man
Emissionsrichtwerte für lärmemittierende Maschinen festlegt".

Da nach der VDI-Richtlinie 2o58, Blatt 2, bei ununterbrochener
jahrelanger Einwirkung von Geräuschen, deren Schallpegel 9o dB(A)
und mehr während der Arbeitsschicht beträgt, für einen beträcht-
lichen Teil der Betroffenen die Gefahr einer Gehörschädigung besteht, soll durch eine z.Z. diskutierte Unfallverhütungsvorschrift
der Berufsgenossenschaften (UVV-Lärm) erreicht werden, daß künf-
tig Überschreitungen dieses Schallpegels nur noch in begründeten
Ausnahmefällen zulässig sein werden. Wörtlich heißt es im § 2 (1)
des Entwurfs vom Okt. 71: "Der Unternehmer hat durch technische
oder organisatorische Maßnahmen sicherzustellen, daß die Beschäf-
tigten gehörschädigendem Lärm nicht ausgesetzt sind".

Damit erhebt sich in verstärktem Maße die Frage, wie das Ziel,
der "ruhige" Betrieb, in dem dieser Grenzwert nicht mehr überschritten wird, erreicht werden kann. Im folgenden soll versucht
werden, wesentliche Gesichtspunkte herauszustellen, die sich in
der Praxis ergeben haben und diesem Ziel dienen.

[+] Dr. W. Grotheer, Robert Bosch GmbH Stuttgart, Abteilung FAK

2. Die Lärmsituation in den Betrieben

2.1 Schallquellen und Schallausbreitung in Betriebsräumen.

Bekanntlich ist die Schallenergiedichte E in einem geschlossenen
Raum hervorgerufen durch eine oder mehrere Schallquellen der Leistung N

$$E \approx \frac{N \cdot T}{V}$$

T = Nachhallzeit
V = Volumen

d.h. die Schallenergiedichte und damit der Schallpegel im Betriebsraum sind der Schalleistung der einzelnen Schallquellen und
der Nachhallzeit des Raumes direkt, dem Raumvolumen umgekehrt
proportional.

Andererseits wird der Schallpegel in unmittelbarer Nähe einer
lauten Maschine, im sog. Nahschallfeld, in dem sich auch zumeist
der Arbeitsplatz des Bedienenden befindet, ausschließlich durch
die Maschine selbst, nicht durch die Raumeinflüsse bestimmt. Betrachtet man demgegenüber die Abnahme des Schallpegels einer
lauten Maschine mit dem Abstand von der Maschine, letzlich also
die Stärke der Störung an ruhigeren Arbeitsplätzen, dann kann man
nach Untersuchungen von H. J. Gober (1) Fabrikationsräume, in
denen die Raumhöhe zumeist klein gegen die Hallenlänge und Hallenbreite ist, als Flachräume auffassen. Seine Untersuchungen ergaben, daß Δ L, die Schallpegelabnahme je Abstandsverdoppelung, in
solchen Räumen beträgt

Δ L $\approx$ 2o $\cdot \bar{\alpha}$ in dB, wobei $\bar{\alpha} \sim$ 1/T ist
$\bar{\alpha}$ = mittl. Schallabsorptionsgrad aller Raumbegrenzungen
$\bar{\alpha}$ = leere Halle o,1o
$\bar{\alpha}$ = Hallen üblicher Ausstattung und Einrichtung o,14 - o,2o

Um also die gewünschten niedrigen Schallpegel zu erreichen, muß
angestrebt werden

→ als wirksamste Maßnahme: Primär-, notfalls auch Sekundärmaßnahmen an den lauten Schallquellen,

➤ in den einzelnen Fertigungsbereichen möglichst gleichmäßiger Schallpegel aller Schallquellen

➤ stärkere Anwendung schallschluckender Hallenauskleidungen.

2.2 Wie sehen nun die tatsächlichen Schallpegelverteilungen in Betriebsräumen aus?

Betrachtet man die in den Betrieben für eine Vielzahl von Arbeitsplätzen ermittelten Schallpegel, so zeigt sich, daß in der Praxis die Schallpegel von Fertigungsbereich zu Fertigungsbereich und von Arbeitsplatz zu Arbeitsplatz erheblich unterschiedlich sind, wie die Tabelle 1 zeigt.

Tabelle 1:

Arbeitsbereiche	ist dB(A)
Pressenbereiche	9o - 11o
Montagebereiche	9o - 1o5
Blechbearbeitungsbereiche	9o - 11o
Scheuerräume	9o - 1o5
Gießereibereiche	9o - 1o5
Wickeleien	9o - 1o5
Bereiche für Probeläufe am Band	9o - 1oo
Automatensäle	87 - 92
Bearbeitungswerkstätten (bohren, fräsen, etc.)	8o - 9o
Werkzeugbau	8o - 85
Lagerbereiche	7o - 85
Prüfbereiche	7o - 8o
Werkstattbüros	65 - 8o

In welchem Maße andererseits die Schallpegel an bestimmten Arbeitsplätzen durch in der Nähe betriebene laute Maschinen oder Vorrichtungen erhöht werden, lassen die Abb. 1 - 3 erkennen.

Diese wenigen Beispiele zeigen, wie notwendig es ist, sowohl die Gesamtplanung eines Betriebes als auch die Einzelplanung bestimmter lauter Maschinen und Vorrichtungen unter schalltechnischen Gesichtspunkten vorzunehmen.

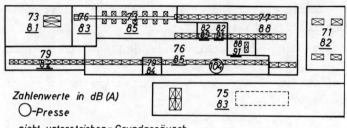

Zahlenwerte in dB (A)

◯-Presse

nicht unterstrichen= Grundgeräusch

unterstrichen= erhöhter Pegel

ca. 50 Arbeits-Plätze

Abbildung 1:

Erhöhung des Schallpegels von Arbeitsplätzen durch laute Schallquellen

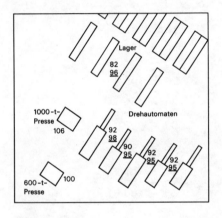

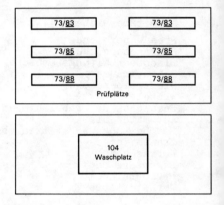

Abbildung 2:

Erhöhung des Schallpegels von
Arbeitsplätzen durch laute
Schallquellen
Grundpegel: nichtunterstrichene
Zahlen
erhöhter Pegel: unterstrichene
Zahlen

Abbildung 3:

Einfluß eines lauten Ar-
beitsplatzes

3. Wie soll nun eine schalltechnische Planung durchgeführt werden?

Diese Aufgabe ist ebenso in den bestehenden Betrieben wie in solchen, die um- oder neugeplant werden, durchzuführen. Im zweiten und dritten Fall, bei der Um- und Neuplanung, ist das Ziel - der ruhige Betrieb - leichter und wirtschaftlicher zu erreichen.

3.1 Betriebsschallpegelpläne

Bei jeder schalltechnischen Planung muß man von der Analyse der Schallpegel des bestehenden Betriebes ausgehen. Beispiele von Ausschnitten aus solchen Analysen zeigen die Abb. 1,2,3, die Lärmschwerpunkte deutlich erkennen lassen.

Für die Analyse sollten die Werkstattpläne im Mindestmaßstab 1 : 250 und ein Schallpegelmesser, möglichst ein Impulsschallpegelmesser, zur Verfügung stehen. Für jeden Arbeitsplatz ist der Schallpegel zu ermitteln und einzutragen; Töne sollten zusätzlich vermerkt werden.

An der Analyse nehmen teil der Sicherheitsingenieur, der zumeist die Aufnahmen macht, der Kalkulator (Kenntnis des zeitlichen Arbeitsablaufs für die Ermittlung des Beurteilungspegels) und möglichst auch der Werkstattmeister. Der hierfür erforderliche Zeitaufwand beträgt im Mittel etwa 3 min/Arbeitsplatz.

3.2. Schalltechnische Planung in bestehenden Fertigungen

Aus den so ermittelten Betriebs- und Werkstattschallpegelplänen können die Lärmschwerpunkte entnommen werden, an denen geeignete Maßnahmen vorgesehen werden müssen, wie zum Beispiel Primär- oder Sekundärmaßnahmen, Verlegung des Arbeitsplatzes, Wahl eines ruhigeren Arbeitsverfahrens und ähnliches.

Eine merkliche Pegelsenkung kann nur in systematischer mühevoller Kleinarbeit erreicht werden.

Wesentliche Voraussetzungen, um das genannte Ziel zu erreichen, sind:

1. Bildung eines Lärmteams mit Weisungsbefugnis.

Es sollte sich zusammensetzen aus dem Sicherheits-Ingenieur, je einen Ingenieur der Fertigungsplanung und der Werkerhaltung, zeitweise der Betriebsleitung, dem Werkarzt und einem Fachmann auf dem Gebiet Lärmminderung.

2. Regelmäßige Betriebsbegehung.

Durch regelmäßige Zusammenkünfte des Teams ist eine laufende schriftliche Berichterstattung mit Vorschlägen, Abhilfsmaßnahmen und Ergebnissen zu gewährleisten.

3. Kleine Montagegruppen.

Die Abänderungen werden Stück um Stück von kleineren Montagegruppen durchgeführt.

Zur Lärmminderung anzuwendende Einzelmaßnahmen werden in diesem Bericht nicht besprochen. Zu den Aufgaben des Lärmteams gehört es auch, die Schallpegel neuer Maschinen und Vorrichtungen im Rahmen der Eingangskontrolle zu messen, im Falle zu hoher Pegel die Maschine sofort zu beanstanden und beim Lieferanten auf Abhilfe zu drängen.

3.3 Schalltechnische Planung im Rahmen der Neu- und Umplanung von Fertigungen

Im Rahmen der Neu- und Umplanung von Betrieben und Betriebsteilen kann der wirksamste Beitrag zur Lärmminderung geleistet werden. Vorgegeben sind im allgemeinen Höhe und Grundfläche der Fertigungsräume, dagegen sind bauakustische Maßnahmen bis zu einem gewissen Grade modifizierbar.

Wie bereits gezeigt wurde, kann bei der schalltechnischen Planung davon ausgegangen werden, daß es innerhalb der Betriebe zumeist größere Fertigungsbereiche erheblich unterschiedlichen Schallpegels gibt (siehe Tabelle 1). Innerhalb dieser Bereiche gibt es wiederum bestimmte Maschinen, Vorrichtungen oder Arbeitsvorgänge, deren Schallpegel erheblich höher sind als die der Umgebung und die daher den Schallpegel in der weiteren Umgebung merklich erhöhen (sogenannte Lärmschwerpunkte).

Zweck der akustischen Planung muß es deswegen sein

den Pegel in lauten Bereichen herabzusetzen,

die von lauten Bereichen ausgehenden Störungen nach ruhigeren
hin zu reduzieren,

stärkere Störquellen innerhalb der einzelnen Bereiche zu vermeiden.

Erreicht werden diese Ziele mit Hilfe der schalltechnischen
Grob- und Feinplanung. In den Abb. 4 und 5 sind dafür geeignete
Arbeitsschemen dargestellt.

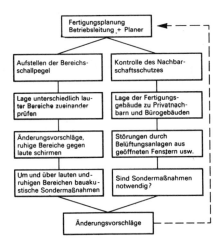

Abbildung 4:
Neuplanung von Fertigungen und akustische Grobplanung

Grobplanung:

Bekanntlich werden Um- oder Neuplanungen einer Fertigung von Be-
triebsplanern in enger Zusammenarbeit mit der Betriebsleitung
vorgenommen. Die Überlegungen und Entwürfe der Planer richten
sich in erster Linie auf einen optimalen Fertigungsfluß; schalltechnische Gesichtspunkte werden kaum berücksichtigt. Deswegen
sollte, wenn die erste Planung abgeschlossen ist, eine unabhängi-
ge schalltechnische Grobplanung dieser ersten Planung erfolgen.

79

Im Rahmen der akustischen Grobplanung soll vor allem darauf geachtet werden, daß laute und ruhige Bereiche einander sinnvoll zugeordnet sind; Verzahnungen ineinander sind zu vermeiden, besonders laute Bereiche sollte man abtrennen und bauakustische Maßnahmen vorsehen wie zum Beispiel evt. schallschluckende Trennwände, tief abgehängte schallschluckende Tafeln als Raster oder Lamellen.

Aus der schalltechnischen Planung ergeben sich Vorschläge und Anregungen, deren Verwirklichung mit den Fertigungsplanern abgestimmt werden muß.

Feinplanung:

Nach der Koordination mit den Fertigungsplanern wird unverzüglich mit der akust. Feinplanung begonnen. Zunächst müssen in die Maschinenaufstellpläne und Werkstattpläne die an den Arbeitsplätzen zu erwartenden Schallpegel eingetragen werden. Das setzt voraus, daß die Schallpegel bekannt sind. Die Werte können ermittelt werden oder sind vorhanden

a) aus bisherigen ähnlichen Produktionen, die im Rahmen zum Beispiel der analytischen Arbeitsbewertung festgestellt wurden,

b) für neue Maschinen und Vorrichtungen muß der Maschinenhersteller die Angaben machen,

c) aus einem Schallpegelkatalog, den jeder Betrieb im Lauf der Zeit für seine speziellen Maschinen aufstellen sollte.

Aus den Schallpegelkataster ergeben sich die Lärmschwerpunkte, für die gezielte lärmmindernde Maßnahmen überlegt werden müssen. Vielfach ergibt sich dabei aus der Kenntnis der Geräuschursachen der einzuschlagende Weg, der nur in enger Zusammenarbeit mit den Fertigungsplanern überlegt werden kann.

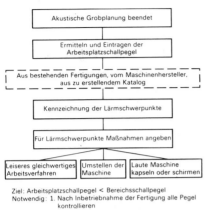

Abbildung 5:

Neuplanung von Fertigungen und akust. Feinplanung

3.4 Schallpegel neuer Maschinen und Vorrichtungen

Großfirmen sind zunehmend dazu übergegangen und die Berufsgenossenschaften fordern dazu auf, in ihren Bestell- und Liefer-
bedingungen für Maschinen und Vorrichtungen Grenzwerte für das
Geräusch anzugeben. Bisweilen werden dabei Grenzkurven oder
Grenzwerte für Oktavbandpegel angegeben. Man sollte jedoch bei
den Grenzwerten von Schallpegeln in dB(A) ausgehen, die vom Maschinenhersteller – auch wenn es sich um einen kleineren Betrieb
handelt – ebenso gemessen werden können wie vom Betriebsingenieur.
Entsprechend der VDI-Richtlinie 2o58, Blatt 1 – Beurteilung von
Arbeitslärm – und entsprechend der "UVV-Lärm" sollten 9o dB(A)
möglichst unterschritten werden. Bei der Festlegung des zulässigen Grenzwertes muß auch berücksichtigt werden, daß unter Umständen mehrere Maschinen nahe beieinander stehen und der resultie-
rende Schallpegel über dem der Einzelmaschinen liegen kann.

Außerdem ist selbstverständlich notwendig, im Rahmen der Ein-
gangsprüfung der gelieferten Maschinen die Schallpegel nicht nur
im Leerlauf, vielmehr auch unter normalen Arbeitsbedingungen zu
messen.

81

4. Möglichkeiten der Lärmminderung an Maschinen und Geräten

Der Erfolg aller Lärmminderungsarbeiten hängt neben der akustischen
Planung entscheidend davon ab, daß die Schallabstrahlung der lauten Maschinen und Vorrichtungen systematisch reduziert wird.
Insbesondere wirken sich Primär- oder Sekundärmaßnahmen an den
einzelnen Lärmerzeugern auch für die an den Maschinen Beschäftig-
ten aus, da mit solchen Maßnahmen der Schallpegel im Nachschall-
feld reduziert wird.

4.1 Unterlagen

DIN-Normen und VDI-Richtlinien

Die Schallabstrahlung von Maschinen sowie evt. erreichte Lärmminderungen kann man mit akustischen Meßgeräten kontrollieren.
Auf dem Gebiet der akustischen Meßtechnik - Meßgeräte, Meßver-
fahren etc. - sind in den letzten Jahren zahlreiche Normen erarbeitet worden, die es gestatten, an verschiedenen Orten und zu
verschiedenen Zeiten an denselben Objekten innerhalb der Meßge-
nauigkeit gleiche Schallpegel zu messen, wenn die Meßbedingungen
beachtet werden.

Neben Veröffentlichungen in verschiedenen Fachzeitschriften und
Fachbüchern wird der Stand der Technik vor allem in VDI-Richtlinien festgehalten, die von der VDI-Kommission "Lärmminderung"
laufend erarbeitet werden. Aufgabe dieser VDI-Kommision ist es,
technische Regeln zur Lärmminderung zu erarbeiten, die als Basis
für zukünftige Gesetzgebungswerke dienen können. Andererseits
werden hier aber auch Branchenrichtlinien erarbeitet, in denen
für einzelne Betriebszweige die Geräuschsituation und die Möglichkeiten zur Lärmminderung unter Berücksichtigung des Standes der
Technik dargelegt werden. Der Vorzug solcher Richtlinien liegt
vor allem darin, daß sie von Zeit zu Zeit überprüft oder ergänzt werden können.

Einzelne der zahlreichen Richtlinien sollen nicht hervorgehoben
werden. Es kann hier aber allem mit Aufgaben der Lärmminderung
Betrauten dringend empfohlen werden, sich für die eigenen speziellen Arbeitsgebiete herausgegebenen Richtlinien zu beschaffen.

4.2 Erreichbare Lärmminderung

Tabelle 2:

Arbeitsbereiche	erreichbar dB(A)
Pressenbereiche	$\leq$ 9o - 11o
Montagebereiche	75 - 85
Blechbearbeitungsbereiche	8o - 1o5
Scheuerräume	8o - 9o
Gießereibereiche	85 - 1oo
Wickeleien	75 - 85
Bereiche für Probeläufe am Band	8o - 9o
Automatensäle	85
Bearbeitungswerkstätten (bohren, fräsen, etc.)	$\leq$ 85
Werkzeugbau	8o
Lagerbereiche	$\leq$ 8o
Prüfbereiche	$\leq$ 75
Werkstattbüros	$\leq$ 6o

Die Aufstellung Tabelle 2 zeigt, daß es möglich ist, die Lärmemissionen von Maschinen und Geräten z.T. erheblich herabzusetzen.

Systematisch durchgeführte Maßnahmen zur Lärmminderung sind mit einer Fülle von Arbeit verbunden. Es kann jedoch nicht die Aufgabe der einzelnen Betriebe sein, solche Arbeiten nachträglich vorzunehmen.

Vielmehr muß es eine wesentliche Aufgabe des Maschinenkonstrukteurs werden, bei der Neukonstruktion die Fragen der Lärmminderung zu berücksichtigen. Nur im Entwurfsstadium einer Konstruktion können im allgemeinen auf diesem Gebiet wirtschaftlich Verbesserungen erzielt werden. Da andererseits das Geräusch der Maschine mehr und mehr ein Qualitätsmerkmal wird, wird sich die Maschinenherstellende Industrie intensiver als bislang mit diesen Fragen befassen müssen.

5. Grenzen der Lärmminderung im Betrieb

Vergleicht man die Schallpegel der Tabellen 1 und 2, dann zeigt sich, daß in vielen Fällen die kritischen Grenzpegel von 9o dB(A)

83

unterschritten werden können.

Aus der Tabelle 2 kann aber auch entnommen werden, daß in bestimmten als laut bekannten Arbeitsbereichen die mittl. Schallpegel noch weit über dem angestrebten Grenzwert von 9o dB(A) liegen, z.B. in Schmieden, in Pressenbereichen, in der Blechbearbeitung beim Schleifen, Hämmern, Richten usw.. Hier zeigen sich die derzeitigen Grenzen.

Die Kenntnisse über die Geräuschentstehung und -abstrahlung bei Arbeitsvorgängen oder an Maschinen und damit auch die zur Lärmminderung einzuschlagenden Wege sind nämlich in vielen Fällen lückenhaft. Deshalb muß dafür gesorgt werden, daß Forschung und Entwicklung auf dem Gebiet der Lärmminderung verstärkt betrieben und gefördert werden.

Auch bei der Bundesregierung besteht kein Zweifel darüber, daß die vorhandenen wissenschaftlichen Kenntnisse auf dem Gebiet der Lärmbekämpfung erheblich erweitert werden müssen, wenn die angestrebten Ziele erreicht werden sollen. Man denkt insbesondere an den Bereich der lärmarmen Technologien, da deren Entwicklung weitgehend von den Ergebnissen der Grundlagenforschung abhängig ist. Deswegen sollen durch Forschungsvorhaben in erster Linie die Ursachen der Entstehung von Geräuschen geklärt werden. Man ist sich auch darüber im klaren, daß derartige Vorhaben erhebliche Kosten mit sich bringen, die vom Bund übernommen werden müssen.

Auf einem ersten Kongreß der Universitäten Stuttgart und Hohenheim mit dem Thema der Verbesserung der Umwelt erscheint es ganz besonders angebracht, darauf hinzuweisen,

-daß nur durch verstärkte praxisbezogene Forschung die hier aufgezeigte Wissenslücke langsam geschlossen werden kann,

-daß aber auch versucht werden sollte, die Lehre auf dem Gebiet der Lärmminderung im Rahmen der Maschinenkonstruktionen zu erweitern.

Zusammenfassend kann gesagt werden:

Wenn man die Aufgaben der Lärmminderung systematisch in den Betrieben anpackt, kann viel erreicht werden. Man muß sich jedoch
darüber im klaren sein, daß es in bestimmten Fertigungsbereichen
noch nicht möglich ist, den Schallpegel soweit zu senken, daß
eine Gehörschädigung ausgeschlossen werden kann.

Intensive Forschung und stärkeren Ausbau der Lehre auf dem Gebiet
"Lärmminderung" erscheinen deswegen notwendig.

LITERATUR

Gober, H. J.: Über Schallausbreitung und Schalldämpfung in Fabrik-
    hallen. Werkstatttechnik 56 (1966) S. 181/183

AKTIVE LÄRMMINDERUNG AN FERTIGUNGSMASCHINEN

von Dr. - Ing. D. Rotthaus

Einführung

Die Bekämpfung des Lärmes innerhalb der Betriebsstätten der Industrie und in der Umgebung von industriellen Anlagen ist zwin-
gend notwendig, wenn es gelingen soll, sowohl gesunde Arbeits-
plätze in einem Betrieb bereitzustellen, als auch in der Freizeit
- vor allem während der Nachtstunden - die ausreichende Erholung
der Bevölkerung zu sichern (1). Daher sind durch die medizinische
und die technische Forschung sowie durch Initiativen der Gesetz-
geber gerade in den letzten Jahren die Fragen der Lärmerzeugung
durch Industrieanlagen aufgegriffen worden. Stärker als früher
wurde die Lärmschwerhörigkeit, die in einer bleibenden Schädigung des Innenohrs besteht, als Berufskrankheit bei Arbeitern
festgestellt und die daraus entstehenden Rentenansprüche aner-
kannt, vergl. Abb. 1.

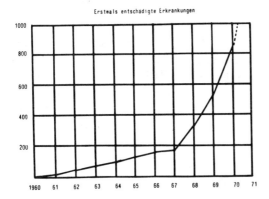

Abbildung 1:
Lärmschwerhörigkeit als Berufskrankheit in der Bundesrepublik
Deutschland

Die Berufsgenossenschaften bereiten daher zur Zeit eine neue Unfallverhütungsvorschrift vor, die die Arbeiter am Arbeitsplatz vor Gehörschäden schützen soll. Diese Vorschrift macht vor allem dem Arbeitgeber erhebliche Auflagen zur Lärmbekämpfung innerhalb des Betriebes. Sowohl für den Fertigungsingenieur als auch für den Maschinenkonstrukteur gewinnen daher die Fragen der Geräuschentstehung und -bekämpfung an Fertigungseinrichtungen zunehmend an Bedeutung.

Bei der Lärmbekämpfung im Betrieb treten viele Schwierigkeiten auf, von denen hier nur zwei hervorgehoben werden sollen:

1. Nur wenige - vor allem größere Unternehmen - verfügen über geeignetes Fachpersonal, welches in der Lage ist, lärmmindernde Maßnahmen vorzuschlagen und durchzuführen. Der Kampf gegen den Betriebslärm ist aber eine täglich neu auftretende Daueraufgabe in einer Fertigung. Daher sollte jeder Industriebetrieb geeignete Mitarbeiter als Beauftragte für die Lärmbekämpfung ausbilden und einsetzen.

2. Bei der Planung von Neuanlagen kann man im allgemeinen nur bei bestimmten Maschinen und Maschinengruppen genaue Vorhersagen über den zu erwartenden Lärm an den Arbeitsplätzen machen. Insbesondere bei Maschinen, deren Geräusche vom jeweiligen Betriebszustand abhängig sind, ist eine Vorausberechnung nur schwer möglich. Zur Zeit fehlen noch für viele Maschinenarten geeignete allgemeingültige Abnahmevorschriften, die Grenzen für die Geräuschentwicklung festlegen. Grundlegende Forschungsarbeiten, die zur Zeit an mehreren Hochschulen in der Bundesrepublik durchgeführt werden, befassen sich daher gerade mit diesem Themenkreis.

1. Betriebslärm in der Metallverarbeitung

Besondere Sorgen bei der Lärmbekämpfung im Betrieb haben die Unternehmen der metallverarbeitenden Industrie - nicht nur, weil es sich um einen der bedeutendsten deutschen Industriezweig handelt, sondern weil gerade die Bearbeitung des Werkstoffes "Metall" in den meisten Fällen die Anwendung großer meachanischer Kräfte erfordert. Diese wiederum sind häufig die Ursache einer starken Geräuschentstehung.

Die größte Gruppe der Maschinen zur Bearbeitung von metallenen Gegenständen bilden die Werkzeugmaschinen. Man unterscheidet bei diesen die spanenden Werkzeugmaschinen und die Umformmaschinen.

Zu den spanenden Maschinen gehören Drehmaschinen, Hobelmaschinen, Bohrwerke, Sägen, Schleifmaschinen und ähnliche. Bei diesen wird die Form des Werkstückes durch Abtrennen von Spänen geändert.

Zu den Umformmaschinen zählen unter anderem Hämmer und Pressen. Bei diesen wird die Formänderung des Werkstückes ohne Abtrennen von Spänen durch plastische Verformungen meist unter Einwirkung von großen Kräften hervorgerufen.

Diese Umformmaschinen strahlen in den meisten Fällen einen sehr großen impulsförmigen Schallpegel ab, der vom Arbeitsvorgang der Maschine abhängig ist.

In der Nähe von Schneidpressen wurden in blechverarbeitenden Betrieben Schallpegel gemessen, die oftmals über dem zulässigen Richtwert von 9o dB(A) liegen, so daß die dort arbeitenden Men - schen nur durch individuelle Gehörschutzmaßnahmen vor bleibenden Gehörschäden geschützt werden können (2). Zu den gleichen Ergebnissen führten Untersuchungen in Schmiedebetrieben (3).

In der Umgebung von blechverarbeitenden Betrieben können im allgemeinen nur die Richtwerte für Gewerbegebiete eingehalten werden, so daß sich für angrenzende Wohngebiete eine erhebliche Lärmbelästigung ergibt (2).

Vor allem die Belastung der Bevölkerung durch den von Schmiedebetrieben ausgehenden Lärm hat dazu geführt, daß Schmiedehämmer zu den nach § 16 der Gewerbeordnung genehmigungsbedürftigen Anlagen gehören; für die Messung der Immissionswerte solcher Anlagen und die Festlegung der Richtwerte gilt die Technische Anleitung zum Schutz gegen Lärm, TA-Lärm (4).

Aus diesen Gründen ist die Untersuchung der Schallabstrahlung von Hämmern und Pressen und die Erarbeitung von Möglichkeiten zur Lärmminderung gerade an diesen Maschinen eine besonders vordring-

liche Aufgabe. Das Institut für Meßtechnik im Maschinenbau der
Technischen Universität Hannover führt daher seit einigen Jahren
in Zusammenarbeit mit Industrieverbänden und einzelnen Firmen
umfangreiche Forschungsarbeiten auf diesem Gebiet durch.

2. Beispiele für die Lärmentstehung bei Maschinen

Zur Erläuterung der Lärmentstehung an Maschinen seien zwei ausge-
wählte Werkzeugmaschinen näher betrachtet. Abb. 2 gibt eine Drehmaschine in schematischer Darstellung wieder. Diese zählt zu den
spanenden Werkzeugmaschinen.

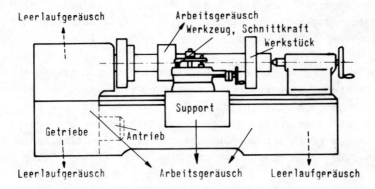

Abbildung 2:
Geräuschentstehung bei einer Drehmaschine

Man kann bei einer solchen Maschine zwischen den Leerlauf- und
den Arbeitsgeräuschen unterscheiden. Die Leerlaufgeräusche werden
vor allem durch den Antrieb und das Getriebe verursacht und vom
gesamten Maschinenkörper abgestrahlt, vgl. Abb. 2. Die Arbeits-
oder Lastgeräusche entstehen durch die zeitlich veränderlichen
Kräfte beim Eingriff des Drehstahles am Werkstück. Der Schall
wird dabei vor allem vom Werkstück und von den Maschinenteilen
abgestrahlt, die sich unmittelbar im Kraftfluß befinden. Es ist
ersichtlich, daß das Arbeitsgeräusch damit von der Betriebsweise
der Maschine abhängig ist. So entsteht zum Beispiel beim Bearbei-
ten eines Werkstückes mit starker Spanbildung ein größerer

Schallpegel als bei einem Bearbeitsvorgang mit geringer Spandicke.

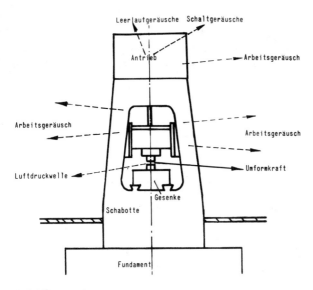

Abbildung 3:
Geräuschentstehung bei einem Schmiedehammer

Als nächste Maschine sei ein Schmiedehammer betrachtet, vgl. Abb.3.
Dieser gehört zur Gruppe der Umformmaschinen. Auch bei einem
Schmiedehammer kann man zwischen Leerlauf- und Arbeitsgeräusch
unterscheiden. Dazu kommen in vielen Fällen noch die Schaltgeräusche. Die Leerlauf- und die Schaltgeräusche treten im hydrau-
lischen, pneumatischen oder mechanischen Antrieb auf. Sie werden
aber im allgemeinen durch den wesentlich größeren impulsförmigen
Geräuschpegel beim Schmiedeschlag übertroffen. Dieser entsteht
wiederum durch die sich schnell verändernden großen Kräfte im Gesenk, in welchem das Schmiedestück bei hohen Temperaturen umge-
formt wird. Das Arbeitsgeräusch wird beim Hammer von allen ange-
regten Maschinenbauteilen abgestrahlt, insbesondere von dem be-
weglichen Hammerbären, der Schabotte und dem Gestell, aber auch
vom Fundament und von den Gesenken. Gleichzeitig geht beim Schmieden mit Gesenkhämmern aber auch noch vom Werkstück eine explosions-
artige Luftdruckwelle aus, die den am Hammer arbeitenden Schmied
unmittelbar trifft.

91

3. Modellvorstellung für die Schallentstehung

Mit Hilfe einer Modellvorstellung soll der Mechanismus der Schallentstehung bei Maschinen näher beschrieben werden. Bei den beiden
erläuterten Beispielen kann man einen einheitlichen physikalischen
Vorgang der Schallentstehung erkennen, der bei vielen Fertigungsmaschinen in ähnlicher Weise abläuft. Dieser Vorgang ist in Abb. 4
vereinfacht dargestellt.

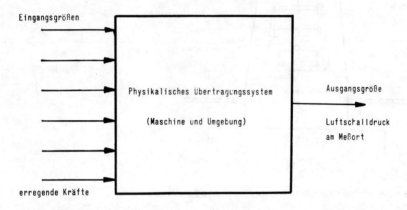

Abbildung 4:
Physikalisches Übertragungssystem bei der Schallentstehung an
Maschinen

Hier ist eine schallerzeugende Maschine als ein physikalisches
Übertragungssystem dargestellt. Dieses Übertragungssystem ant-
wortet auf eine Anregung durch Kräfte, die sich zeitlich schnell
verändern mit einer Abstrahlung von Schallwellen.

Ein einleuchtendes Beispiel für diese Art der Schallentstehung
ist eine Glocke, die durch einen Schlag mit dem Klöppel erregt
wird. Mit diesem Beispiel läßt sich auch die weitere Unterteilung
des physikalischen Schallübertragungssystemes in drei Teilsysteme
erläutern, wie es in Abb. 5 dargestellt ist.

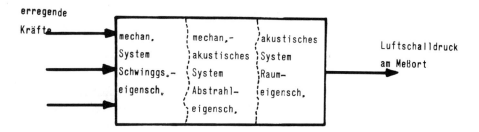

Abbildung 5:
Unterteilung des physikalischen Übertragungssystemes bei der
Schallerzeugung durch Maschinen

Das erste der Teilsysteme wird durch die Schwingungseigenschaften
- im Beispiel der Glocke - bestimmt. Diese hängen bekanntlich von
den geometrischen Abmessungen des schwingenden Körpers ab und le-
gen die Tonhöhe fest. Die Frequenzen, mit denen ein kurzzeitig
angeregter Körper schwingt, sind also eine von der Anregung un-
abhängige Eigenschaft des Körpers. Auch eine "weich" angeschlagene
Glocke erzeugt den gleichen Ton der Tonleiter wie eine "hart" angeschlagene.

Das mittlere der physikalischen Teilsysteme bei der Schallüber-
tragung ist für die Umwandlung der mechanischen Schwingungen, des
Körperschalls, in Luftschall verantwortlich. Diese Abstrahleigenschaften hängen vor allem von der Verteilung der Schwinggeschwin-
digkeit an der Oberfläche des schwingenden Körpers ab (5). Die
Abstrahleigenschaften eines Körpers, z.B. der erwähnten Glocke,
könnte man verändern,wenn man die Umwandlung von Körperschall in
Luftschall behindern würde.

Das dritte der Teilsysteme besteht aus dem den Schallstrahler um-
gebenden Raum, in welchem sich die Schallwellen nach bestimmten
Gesetzmäßigkeiten ausbreiten und an den Schallempfänger, das
menschliche Ohr oder ein Meßmikrofon gelangen.

Die Übergänge, d.h. die Kopplungsstellen, zwischen den beschriebenen physikalischen Teilsystemen sind nur schwer theoretisch oder
meßtechnisch erfaßbar. Daher wurden diese Übergänge gestrichelt
angedeutet, vgl. Abb. 5.

4. Möglichkeiten zur Lärmminderung

Mit Hilfe dieser Modellvorstellung ist es nun möglich, die Wege zur Lärmminderung an Fertigungsmaschinen zu erkennen.

Man kann, da die Antwort des physikalischen Übertragungssystems auf eine bestimmte Erregung, d.h. der Schalldruck am Einwirkungsort, verändert werden soll, entweder die Anregungsfunktionen, also die zeitlich veränderlichen Kräfte, oder die Eigenschaften des physikalischen Übertragungssystems verändern.

Da das Übertragungssystem aus drei Teilsystemen aufgebaut ist, ergeben sich für die Lärmminderung wiederum drei Möglichkeiten.

Die Veränderung des akustischen Systems, das die Schallausbreitung bestimmt, kann vor allem durch bauliche Maßnahmen in der Betriebshalle und Maschinenkapselung erreicht werden.

Änderungen am mechanisch-akustischen System greifen dagegen unmittelbar an der Maschine, ihren einzelnen Bauteilen und ihrem Fundament an. Nachträgliche Änderungen an Maschinen und Maschinenteilen zur Behinderung der Umwandlung von Körperschall in Luftschall gehören ebenso wie die baulichen Maßnahmen zu den sekundären Schallschutzmaßnahmen. Primäre Verfahren sind dagegen solche, die durch Ändern des mechanischen Schwingungssystems oder der Anregung zur Lärmminderung beitragen.

Gerade die letztgenannten Maßnahmen zur Bekämpfung von Betriebslärm versprechen gute Ergebnisse, weil damit der Schall unmittelbar an seiner Entstehungsstelle vermindert wird. Diese aktiven Vorgehensweisen heilen das Übel also nicht an den Symptomen, sondern an seiner Ursache.

Es kann damit erreicht werden, daß der Lärm am Arbeitsplatz und in der Nachbarschaft des Betriebes gleichermaßen vermindert wird.

5. Schallentstehung bei Pressen und Hämmern

Ausgehend von der Modellvorstellung für das Schallübertragungs-
system bei der Maschinengeräuschentstehung (vgl. Abb. 5) stellt
man bei der Untersuchung des Lärmes von Pressen und Hämmern fest,
daß die Hauptursache für das Geräusch der Arbeitsvorgang selbst
ist. Die Anzahl der Kraftarten, die die Maschine zur Schallabstrahlung veranlassen, reduziert sich damit auf die eine wirksame
Umformkraft. Will man den Lärm solcher Maschinen vermindern, so
muß man einerseits die **Eigenschaften** der Umformkräfte und andererseits die Schwingungs- und Abstrahleigenschaften der Maschine
untersuchen.

5.1 Umformkräfte

Beispiele für die Art der bei Umformvorgängen im Werkzeug auf-
tretenden Kräfte enthält Abb. 6 (6,7).

Beim **Tiefziehen,** das z.B. bei der Herstellung von Kochtöpfen angewendet wird, steigt die Kraft zunächst an und fällt nach dem
Erreichen des Größtwertes langsam wieder ab. Die Dauer des Impul-
ses beträgt o,1 s oder mehr (vgl. Abb. 6).

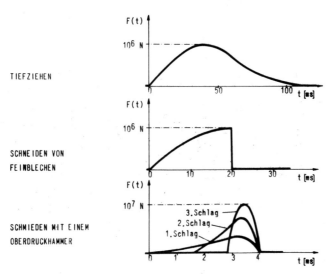

Abbildung 6:
Beispiele für Arbeitskraftverläufe bei Pressen und Hämmern

Beim Schneiden von Blech steigt die Schneidkraft, bestimmt durch die Eigenschaften des Bleches bis zu einem größten Wert an und fällt dann beim Erreichen der Bruchgrenze des Werkstoffes plötzlich auf den Wert null ab (vgl. Abb. 6). Während des Aufbaues der Kraft federt die Presse auf, d.h. die gesamte Maschine dehnt sich unter der starken Belastung und speichert somit Federenergie. Diese Energie wird beim Durchreißen des Bleches plötzlich frei und regt als Schwingungsenergie die Maschine an. Das ist die Hauptursache der beim Schneiden von Blech zu beobachtenden hohen Impulsschallpegel.

Beim Schmieden treten im allgemeinen Kraftimpulse von sehr kurzer Dauer - meist nur einer Tausendstel Sekunde - auf (vgl. Abb. 6). Der Spitzenwert der Kraft erreicht dabei 10^7 N, das sind 1 000 000 kp (6). Die Anregung und damit die von einem Hammer abgestrahlte Schallenergie sind daher sehr groß.

5.2 Kennzeichnung der Erregerkräfte durch ihren Frequenzinhalt

An dieser Stelle taucht nun die Frage auf, in welcher Weise es möglich sein könnte, den Einfluß der wirkenden Kräfte auf die Schallabstrahlung genauer zu beschreiben. Das Beispiel der angeschlagenen Glocke kann hier wiederum den physikalischen Vorgang verdeutlichen. Wird die Glocke einmal mit einem Handhammer aus Stahl, beim zweiten Mal mit einem Gummihammer angeschlagen, so fällt auf, daß bei beiden Versuchen zwar die Tonhöhe auf der Tonleiter die gleiche ist, die Glocke jedoch beim Anschlagen mit dem Stahlhammer heller klingt. Das bedeutet, daß bei diesem Schlag eine Vielzahl von Obertönen der Glocke angeregt wurde, die beim Anschlagen mit dem weichen Hammer nicht zu hören sind. Würde man die beim Schlag auf die Glocke wirkenden Kräfte vergleichen, so könnte man feststellen, daß der Schlag mit dem Stahlhammer wesentlich kürzer als der Schlag mit dem Gummihammer ist. Der kurze Schlag regt also die Glocke in einem weiten Frequenzbereich an, so daß die vielen Obertöne entstehen können, während der länger dauernde Schlag nur einen geringen Frequenzbereich zur Anregung bereitstellt.

96

Diese physikalische Tatsache kann man auch durch mathematische Formalismen exakt beschreiben. Unterwirft man die Kraft-Zeit-Funktion der Erregung der sogenannten Fourier-Transformation, so erhält man das Spektrum des Kraftimpulses, also die Verteilung der Kraft über einen bestimmten Frequenzbereich oder auch den Frequenzinhalt des Kraftimpulses.

5.3 Schmiedekraftspektren

Unter Benutzung des Hilfsmittels "Spektrum des Kraftimpulses" soll an Hand der Abb. 7 die Anregung eines Schmiedehammers untersucht werden.

Soll zum Beispiel ein Kraftfahrzeugteil wie ein Pleul oder ein Achsschenkel mit 3 Schlägen geschmiedet werden, so wird zunächst ein Rohling aus Stahl der entsprechenden Größe mit einer Temperatur von etwa 1200°C in das Gesenk eingelegt. Beim ersten Schlag des Hammers paßt sich der Werkstoff noch nicht der Form des Gesenkes an, wenn die Bewegungsenergie des Hammers dafür nicht ausreicht. Der Rohling wird daher zunächst frei gestaucht. Die Einwirkung der Umformkraft dauert im Verhältnis zu den folgenden Schlägen lange und die Größtkraft erreicht nur einen geringen Wert (vgl. Abb. 7).

Der zweite Schlag ist bereits kürzer und hat eine größere Kraftspitze. Bei diesem Schlag wird die Gesenkform vom Werkstoff vollständig ausgefüllt. Der dritte Schlag dient dann nur noch zur genauen Erfüllung der für das Schmiedestück vorgeschriebenen Maßtoleranzen. Bei diesem Schlag sind die Umformwege sehr gering, so daß die Bewegungsenergie des Hammerbären in kurzer Zeit abgegeben wird. Der Spitzenwert der Kraft ist dabei am größten (vgl. Abb. 7).

Die drei Kraftimpulse führen zu einer unterschiedlichen Anregung des Hammers. In Abb. 7 sind daher ebenfalls die drei Spektren enthalten, die zu den einzelnen Impulsen gehören. In logarithmischen Maßstäben sind dabei in waagrechter Richtung die Frequenz in Hz und in senkrechter Richtung die erregende Kraft in der in der akustischen Meßtechnik gebräuchlichen Pegelangabe in Dezibel (dB) bezogen auf 1 N/Hz dargestellt.

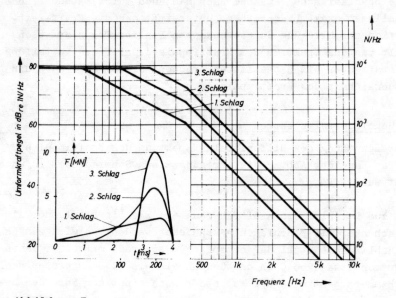

Abbildung 7:
Umformkraftverlauf und Schmiedekraftspektren beim Gesenkschmieden
mit mehreren Schlägen

Betrachtet man den Frequenzinhalt des ersten Schlages, so fällt
auf, daß die Größe der Kraft bei tiefen Frequenzen konstant ist,
ab etwa 5o Hz mit 6 dB je Oktave Frequenzerhöhung und ab etwa
4oo Hz mit 12 dB je Oktave Frequenzerhöhung abfällt. Beim zweiten
Schlag enthält die Anregung deutlich auch höhere Frequenzen, wobei aber bei konstanter Bewegungsenergie des Hammerbären auch das
Kraftspektrum in den tiefen Frequenzbereichen konstant bleibt.

Der dritte Schlag regt den Hammer am stärksten an. Insbesondere
die höheren Frequenzen treten hervor. Bei 1ooo Hz – also dort wo
das menschliche Ohr seine größte Empfindlichkeit aufweist, beträgt
die erregende Kraft noch 5oo N/Hz, das sind 5o kp/Hz. Die Erregung
nimmt in diesem Frequenzbereich vom ersten bis zum dritten Schlag
um etwa 12 dB zu.

Aus Abb. 7 kann man eine weitere wichtige Einzelheit entnehmen,
die ebenfalls im Rahmen des Umweltschutzes von großem Interesse

ist. Die untere Grenze des hörbaren Frequenzbereiches ist bei
16 Hz. Aber auch bei tieferen Frequenzen wird ein solcher Schmiedehammer noch mit einer großen Kraftamplitude in Schwingungen ver-
setzt. Diese können über das Maschinenfundament in den Boden gelangen und belästigen als Bodenerschütterungen häufig die Wohnumgebung von Schmiedebetrieben.

5.4 Lärmminderung durch Ändern des Schmiedeverfahrens

An dieser Stelle ist nun die Frage zu stellen, ob es möglich ist,
auf Grund der Kenntnisse der erläuterten Zusammenhänge die Anregung von Schmiedehämmern durch den Arbeitsvorgang so zu verändern,
daß eine Lärmminderung erreicht wird. Dies ist natürlich eine
Frage an den Fertigungstechniker, eine Frage die leider zur Zeit
noch nicht umfassend beantwortet werden kann. Es steht der Forderung nach der Lärmminderung hier in erster Linie der Zwang ent-
gegen, daß zur Herstellung von Schmiedestücken große Energien benötigt werden, die in einer kurzen Zeit innerhalb eines geringen
Arbeitsraumes umgewandelt werden müssen. Einen wichtigen Grund-
satz kann man aber für diese Art des Umformens formulieren, der
nicht nur seine Bedeutung für die Lärmminderung hat:

Das Arbeitsvermögen des Hammers muß möglichst gut an die benötigte
Umformenergie angepaßt werden. Wenn man, wie es in der Praxis
leider häufig vorkommt, zum Fertigschmieden eines Stückes dreißig
und mehr Schläge benötigt, so ist der Hammer mit Sicherheit zu
klein gewählt; das äußert sich dann vor allem in der erhöhten
Schallabstrahlung.

Es gibt aber neben den Hämmern auch andere Maschinenarten, mit
denen man Schmieden kann. Das legt den Schluß nahe, diese zum Vorteil der Lärmminderung einzusetzen. Daher soll angegeben werden,
in welcher Weise sich die Anregung ändert, wenn ein ähnlicher Arbeitsvorgang auf drei verschiedenen Maschinenarten durchgeführt
wird und zwar mit dem schon erwähnten Hammer, einer Spindelpresse
und einer Kurbelpresse. Mit allen drei Maschinen soll dabei der
zeitliche Verlauf der Umformkraft erzeugt werden, der in Abb. 8
dargestellt ist, und dessen Dauer bei der Benutzung des Hammers
3,5 ms, bei der Spindelpresse 35 ms und bei der Kurbelpresse
1o5 ms beträgt.

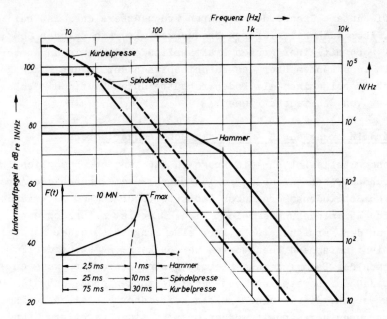

Abbildung 8:
Erregerkraftspektren beim Schmieden mit unterschiedlichen Maschinen

Die zugehörigen Spektren der Erregerkräfte (vgl. Abb. 8) zeigen,
daß die Anregung der Maschine durch den sehr kurzen Schmiedekraft-
impuls beim Hammer insbesondere in den Frequenzbereichen groß ist,
in denen das menschliche Ohr eine große Empfindlichkeit aufweist.
Durch die Vergrößerung der Dauer des Kraftimpulses bei der Verwendung von Spindel- oder Kurbelpressen wird eine erhebliche Verminderung der Anregung im gesamten hörbaren Frequenzbereich erreicht. Bei 1000 Hz wird beispielsweise der Pegel der erregenden
Kraft beim Übergang vom Hammer auf die Kurbelpresse um 30 dB kleiner.

Vergleichende Untersuchungen von Pressen und Hämmern in Schmiedebetrieben, die der Verband Deutscher Gesenkschmieden veranlaßt hat,
und die von mehreren Instituten der TU Hannover durchgeführt wurden, haben ebenfalls ergeben, daß der Einsatz von Pressen beim
Schmieden mit einer geringeren Lärmentstehung als der Einsatz von

Hämmern verbunden ist. Aber hier muß berücksichtigt werden, welche anderen Faktoren, vor allem solche der Wirtschaftlichkeit in der Fertigung der Ablösung der Schmiedehämmer durch Pressen im Wege stehen (8). Der Fertigungsingenieur ist damit aufgerufen, Technologien und Verfahren einzusetzen, die es erlauben, bei geringer Lärmentstehung unter geringen Kosten zu fertigen.

5.5 Lärmminderung beim Schneiden von Blech

Als weiteres Verfahren der spanlosen Bearbeitung soll das Schneiden von Blech im geschlossenen Schnitt mit Hilfe von mechanischen Pressen auf Möglichkeiten zur Lärmminderung untersucht werden. Der Verlauf des Kraftimpulses wurde bereits beschrieben (vgl. Abschnitt 5.1); in Abb. 9 ist er noch einmal dargestellt.

Der steile Abfall der Kraft nach dem Erreichen des Größtwertes, d.h. das Durchreißen des Bleches, verursacht im spektralen Bereich einen Abfall der erregenden Kraft um 6 dB je Oktave Frequenzerhöhung.

Während bei dem eben geschilderten Schmiedevorgang mit Hämmern große Kräfte und große Kraftänderungsgeschwindigkeiten zwangsläufig mit der Übertragung der Umformenergie auf das Werkstück verbunden sind, trägt die schnelle Entlastung einer Presse beim Schneiden von Blech nicht mehr zum Gelingen des technologischen Vorganges bei, so daß man versuchen sollte, die Entlastungsphase nach dem Durchreißen des Bleches zeitlich zu dehnen.

Dies ist bei dem in Abb. 9 dargestellten Kraftverlauf angedeutet. Wenn es gelingt, den Abfall der Schneidkraft so zu verlangsamen, daß die Abfallzeit z.B. 1,6 ms beträgt, so ergibt sich für diesen neuen Kraftimpuls ein verändertes Spektrum, dessen Gestalt ebenfalls der Abb. 9 zu entnehmen ist. Oberhalb der Frequenz 1oo Hz fällt der Kraftpegel mit 12 dB je Oktave Frequenzerhöhung ab. Das bedeutet, daß besonders bei hohen Frequenzen eine deutliche Schwächung der Anregung stattfindet. Bei 1ooo Hz vermindert sich die anregende Kraft um 2o dB. Allerdings nimmt das Spektrum dafür in einem tiefen Frequenzbereich - außerhalb des Hörbereichs - geringfügig zu.

Durch die in den hohen Frequenzbereichen verminderte Erregung kann auf diese Weise eine erhebliche Lärmminderung erreicht werden. Diese ist umso größer, je langsamer die Entlastung der Presse erfolgt.

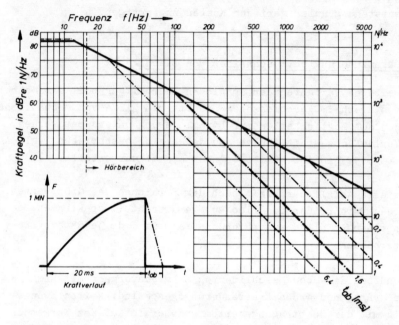

Abbildung 9:
Schneidkraftverlauf und Kraftspektrum beim Schneiden von Blech

Eine solche langsame Entlastung der Maschine nach dem Schnitt erreicht man, wenn man sogenannte hydraulische Schnittschlagdämpfer in die Maschine einbaut. Derartige Einrichtungen sind zur Zeit jedoch noch wenig gebräuchlich, da ihre Betriebssicherheit noch nicht ausreichend erprobt ist. Eine weitere Möglichkeit, die Anregung einer Presse beim Schneidvorgang in der beschriebenen Weise herabzusetzen besteht darin, daß man den Stempel des Schneidwerkzeuges schräg anschleift, um auf diese Weise ein gleichzeitiges Durchreißen des Bleches entlang der Schneidkante zu vermeiden. Solch ein Verfahren kann aber vielfach wegen der dabei möglichen Maßfehler der ausgeschnittenen Blechteile nicht verwendet werden.

Außerdem besteht die Gefahr, daß die Eintauchtiefe des Werkszeuges zu groß wird und besonders bei engen Schneidspalten zu erhöhtem Werkzeugverschleiß führt. Wird beim Schneiden ein Mehrfachwerkzeug verwendet bei dem mehrere getrennte Schneidvorgänge bei einem Hub ablaufen, so sollte man dafür sorgen, daß die einzelnen Kraftsprünge nicht gleichzeitig auftreten, wenn man eine geringe Anregung der Maschine erreichen will.

Auch an diesem Beispiel des Schneidens von Blech mit mechanischen Pressen ist zu erkennen, daß der Fertigungsingenieur in der Lage ist, durch aktive Maßnahmen am Fertigungsvorgang zur Lärmminderung im Betrieb beizutragen. Dazu ist es aber wichtig, daß er die Zusammenhänge bei der Entstehung des Maschinenschalles kennt.

5.6 Geräuschminderung durch lärmarme Maschinenkonstruktion

Das zweite Teilgebiet der aktiven Lärmminderung im Betrieb ist Aufgabe des Maschinenkonstrukteurs. Da eine Fertigungsmaschine mit ihren Bauteilen ein schwingungs- und abstrahlfähiges Gebilde darstellt, ist es auch möglich diese Eigenschaften durch gezielte Maßnahmen so zu verändern, daß eine Lärmminderung erreicht wird.

Vor allem die Schwingungseigenschaften einer Maschine oder einzelner Bauteile haben einen großen Einfluß auf die Schallentstehung. Will man die Schwingungseigenschaften ändern, so sollten dabei vier Grundsätze beachtet werden:

1. Eigenfrequenzen des Maschinenkörpers, d.h. Resonanzen, sollen möglichst stark gedämpft sein. Die Dämpfung ist u.a. vom Maschinenwerkstoff abhängig.

2. Unvermeidbare Resonanzen des Maschinenkörpers sollen nicht in den Frequenzbereichen der größten Anregung der Maschine liegen. Besonders gefährlich sind Resonanzen, deren Frequenz mit periodischen Anregungsfrequenzen übereinstimmt.

3. Resonanzen sollen möglichst in Frequenzbereichen liegen, bei denen die Abstrahlung von Luftschall gering ist.

4. Resonanzen sollen in den Frequenzbereichen liegen, in denen das menschliche Ohr eine geringe Empfindlichkeit aufweist, so daß ein unvermeidbarer Schall den Menschen möglichst wenig belästigt.

Will man die Schalleigenschaften von Pressen und Hämmern unterschiedlicher Bauart miteinander vergleichen oder die Auswirkungen von konstruktiven Änderungen an einer Maschine auf die Schallabstrahlung untersuchen, so benötigt man eine Maschinenkenngröße die den Vergleich von Schwingungs- und Abstrahleigenschaften unabhängig von dem jeweiligen Arbeitsvorgang ermöglicht. Dazu kann man das kraftbezogene Schallspektrum der jeweiligen Maschine verwenden, bei dem das von der Maschine erzeugte Schalleistungsspektrum auf das erregende Kraftspektrum bezogen wird (9).

Die Schwingungseigenschaften von mechanischen Gebilden kann man nur bei geometrisch einfachen Strukturen durch Berechnungen ermitteln. Bei Maschinenkörpern und Maschinenteilen ist man jedoch wegen der verwickelten Bauformen auf meßtechnische Verfahren angewiesen. Diese sind außerordentlich schwierig und aufwendig. Auch die Abstrahleigenschaften von Maschinen und deren Bauteilen können nur mit den Verfahren der modernen elektronischen und optischen Meßtechnik bestimmt werden.

Derartige Untersuchungen werden zur Zeit am Institut für Meßtechnik im Maschinenbau der TU Hannover durchgeführt. Dabei werden auch Schall- und Schwingungsmessungen nach besonderen an diesem Institut entwickelten Verfahren an Maschinen und Maschinenbauteilen in Industriebetrieben vorgenommen (9).

Da die Untersuchungen zur Zeit noch andauern, können im Augenblick noch keine Ergebnisse vorgelegt werden. Es steht aber fest, daß sich mit Hilfe von Schall- und Schwingungsmessungen und kontrollierten konstruktiven Veränderungen an Werkzeugmaschinen und ihren Bauteilen Erfolge bei der Lärmminderung erzielen lassen. Aber nur ein planvolles Vorgehen nach bestimmten Strategien führt dabei zum Ziel. Die Erarbeitung solcher Strategien zur Lärmminderung an Maschinen ist daher ein weiteres Ziel laufender Forschungsarbeiten.

6. Zusammenfassung

Ein wichtiger Beitrag, den der Maschinenbauingenieur zur Verminderung des Lärmpegels in der Nähe von Maschinen und in der Umgebung
von Fertigungsanlagen leisten kann, ist die aktive Lärmminderung
an Maschinen. Das ist

1. die Erprobung und die Auswahl lärmarmer Fertigungsverfahren

2. die Berücksichtigung von Konstruktionsprinzipien, die zum Bau
von geräuscharmen Maschinen führen.

Dazu ist es erforderlich, daß der Mechanismus der Schallentstehung
an Maschinen bekannt ist. An den besonders lärmintensiven Fertigungsmaschinen, den Schmiedehämmern und den mechanischen Pressen
wurden daher die Vorgänge bei der Anregung und Abstrahlung von
Schall näher beschrieben. Es zeigt sich hier besonders deutlich
sowohl der Einfluß der Fertigungsverfahren als auch der verwendeten Maschine auf die Erzeugung von Lärm. Es zeigt sich aber auch,
daß bei diesen Maschinen, die eigentlich zu den hoffnungslosen
Fällen bei der Betriebslärmbekämpfung zählen, Möglichkeiten zur
Lärmminderung bestehen.

Soll die Bekämpfung des Industrielärmes dauerhaften Erfolg haben,
so bedarf es dazu eines langwierigen Lernprozesses aller an der
Planung von Industrieeinrichtungen und der Gestaltung von Arbeitsplätzen Beteiligten. Vor allem Fertigungsingenieure und Maschinen-
konstrukteure müssen gleichermaßen zu erkennen lernen, welche
technischen Möglichkeiten sich bieten, den arbeitenden Menschen
und die Wohnumgebung eines Betriebes durch gezielte Maßnahmen an
den Lärmquellen vor gesundheitlichen Schäden zu bewahren.

1 Meurers, H.: Probleme der Lärmbelästigung durch Industriebetrieb - Kampf dem Lärm 17 (197o) Heft 6, S. 177/79

2 Koch, H. W., W. Maire und H. E. Oelkers: Die Geräuschsituation
   in der Umgebung von Blechverarbeitungsbetrieben und in
   ihren Werkhallen - DFBO Mitteilungen Bd. 22 (1971) Nr. 11,
   S. 225/28

3 Koch, H. W. und H. E. Oelkers: Neuere Untersuchungen der Geräusche beim Betreiben von Schabottehämmern und Gegenschlag-
   hämmern - Industrie-Anzeiger, Essen, 87 (1965) S. 1755/57

4 Bethge, D., A. Hagen und A. v. Lüpke: Technische Anleitung zum
   Schutz gegen Lärm. Köln 1969

5 Gösele, K.: Berechnung der Luftschallabstrahlung von Maschinen
   aus ihrem Körperschall - VDI-Berichte, Nr. 135, 1969, S.131

6 Ecker, W.: Ein Beitrag zum Gesenkschmieden unter Hämmern insbesondere hinsichtlich der Kraftmessung. Dr.-Ing.-Dissertation
   TH Hannover 1967

7 Foucher, J.: Auswirkung rasch verlaufender Kräfte auf ausladende
   Pressengestelle. Dr.-Ing.-Dissertation TH Hannover 1959

8 Meyer-Nolkemper, H.: Vergleichende Untersuchungen von Gesenk-
   schmiedehämmern und -pressen - Verband Deutscher Gesenkschmieden. Hagen 1972

9 Rotthaus, D.: Messen des kraftbezogenen Schallspektrums, einer
   neuen Kenngröße zur Ermittlung der Lärmursachen bei Werkzeugmaschinen mit impulsförmigem Arbeitsvorgang. Dr.-Ing.-
   Dissertation TU Hannover 1972

1o Grotheer, W.: Lärmminderung bei der Blechbearbeitung auf Pressen
   - Bosch, Technische Berichte 2, Heft 6, Dez. 1968

VORHERBERECHNUNG DER GERÄUSCHIMMISSION BEI NEUEN GEWERBE- UND INDUSTRIEANLAGEN [1]

von Dipl.-Phys.P. Lutz

Institut für Bauphysik der Fraunhofer-Gesellschaft zur Förderung der angewandten Forschung e.V., Stuttgart

Die ständig wachsende Lärmbelastung der Bevölkerung hat dazu geführt, daß Richtwerte für die zumutbare Lärmeinwirkung aufgestellt worden sind, die zum Schutz der in der Nachbarschaft von Industrie- und Gewerbebetrieben wohnenden oder tätigen Menschen nicht überschritten werden sollen.

Technische Wissenschaft, betriebliche Praxis und Behörden sind bemüht, Wege zu einer wirksamen Lärmminderung und zu deren Beurteilung zu finden.

Als Grundlage einer Beurteilung der Geräuscheinwirkung von einem geplanten Industriebetrieb auf benachbarte Wohnungen muß der voraussichtlich abgestrahlte Lärm vorherberechnet werden.

In der Regel wird auch die Baugenehmigung davon abhängig gemacht, daß der Nachweis erbracht wird, daß bestimmte Richtwerte eingehalten werden. Eine Vorherberechnung ist aber auch insofern wichtig, als meist, solange ein solcher Betrieb noch nicht gebaut ist, die Möglichkeit besteht, durch geeignete Ausführung der Bauteile die Schallemission ohne zu großen Aufwand genügend niedrig zu halten. Dagegen sind nachträgliche Maßnahmen zur Lärmminderung an einem bereits erstellten Bau meist sehr teuer. Es muß deshalb das Ziel sein, die Schallemission für einen geplanten Bau genügend genau vorherberechnen zu können, so daß nachträgliche Maßnahmen nicht mehr nötig sind.

---

[1] Ergebnisse von Untersuchungen, durchgeführt mit Unterstützung der Deutschen Forschungsgemeinschaft. Umfassende Veröffentlichung demnächst in VDI-Fortschrittsberichten.

Ein einfaches Berechnungsverfahren zur Bestimmung der Schallabstrahlung von Industriebauten wurde, zunächst noch provisorisch,
in dem Entwurf der VDI-Richtlinie 2571 festgelegt.

Die Berechnung erfolgt nach folgendem Schema:

1. Die von den aufzustellenden Maschinen abgestrahlten Schall-
leistungen und die akustischen Eigenschaften der Aufstellungs-
räume bestimmen den Schallpegel im Innern der Halle.

2. Aus diesem Schallpegel und der Schalldämmung der Elemente der
Außenhaut (Wände, Dächer, Fenster, Tore, Öffnungen) ergibt sich
die ins Freie abgestrahlte Schalleistung, wobei vorausgesetzt
wird, daß die unmittelbare Körperschallanregung des Gebäudes
durch die Maschinen vernachlässigbar ist.

3. Unter Berücksichtigung der Abstrahleigenschaften der Bauteile
und der Schallausbreitungsgesetze, kann man dann die Gesamt-
immission für maßgebende Punkte in der Nachbarschaft durch Addition der einzelnen Schallpegel berechnen.

Der Schallpegel im Innern der Halle wird in der Regel aufgrund
von Messungen in gleichartigen Betrieben oder schon vorhandenen
Anlagen festgelegt. Bei neuen Maschinen müssen Meßwerte über diese vorliegen, die dann auf die spezielle neue Halle umgerechnet
werden. Für überschlägige Abschätzung werden in der VDI-Richtlinie
2571 Anhaltswerte für verschiedene Betriebe angegeben.

Über die Schalldämmung von Bauteilen liegen aus der Bauakustik
sehr umfangreiche Versuchsergebnisse vor, so daß aufgrund dieser
Erfahrungswerte die Berechnung des Schallpegels unmittelbar vor
der Halle mit ausreichender Genauigkeit möglich ist.

Lediglich der 3. Teilabschnitt der Vorherberechnung, also das
Abstrahlverhalten der Bauteile und die Pegelabnahme mit der Entfernung, ist mit gewissen Unsicherheiten versehen. In der VDI-
Richtlinie 2571, Entwurf 1970, wird vereinfachend eine nach allen
Richtungen gleichmäßige Abstrahlung angenommen, so daß sich bei
ungestörter Ausbreitung die Pegelabnahme mit der Entfernung leicht
angeben läßt.

Für Immissionsstellen, die keine unmittelbare Sichtverbindung zu
einer betrachteten Schallquelle haben, werden Richtwerte für das
Abschirmmaß angegeben. Außerdem wird auf eine Berechnung nach
Redfearn (1) bzw. nach Maekawa (2) hingewiesen.

Zur Klärung der Frage, mit welcher Genauigkeit sich mit diesem
einfachen Verfahren die Geräuschemission bei neuen Industriebauten vorherberechnen läßt, wurden im Institut für Bauphysik im
Rahmen einer Forschungsarbeit Untersuchungen an Modellen (Modell-
maßstab 1 : 1o) und an ausgeführten Bauten durchgeführt.
Über die wichtigsten Ergebnisse wird im folgenden berichtet.

1. Richtungsverteilung der Schallabstrahlung

Von den Untersuchungen von L. Cremer (3) ist bekannt, daß homogene
Platten oberhalb ihrer sogenannten Grenzfrequenz eine ausgeprägte
Richtwirkung aufweisen. Dies zeigt Abb. 1 am Beispiel einer einfachen Glasplatte von 5 bis 6 mm Dicke. Als Kurve a ist derjenige
Schallpegel eingezeichnet, der sich unter Annahme einer gleichmä-
ßigen Abstrahlung für alle Richtungen rechnerisch aus der gemessenen Schalldämmung der Platte ergibt. Von diesem Mittelwert weichen die gemessenen Werte, Kurve b, bei diesem Beispiel bis zu
etwa ± 9 dB ab.

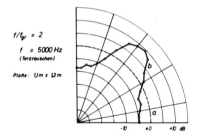

Abbildung 1:
Richtungsverteilung der Schallabstrahlung einer homogenen Platte
a: berechnet; b: gemessen

Hier läßt sich also die vereinfachte Berechnung nach dem VDI-Entwurf 2571 nicht mehr anwenden. Vielmehr müßte in diesem Fall die Schallabstrahlung für verschiedene Richtungen gesondert berechnet werden.

Nach den vorgenommenen Untersuchungen scheint dies jedoch in der Praxis normalerweise nicht nötig zu sein, weil die meisten Bauteile (Dächer, Wände, Verglasungen) nicht als homogene Platten aufgebaut sind, sondern durch Stützen, Träger o.ä. unterteilt sind und dadurch die Richtwirkung weitgehend wegfällt. Dies zeigt Abb.2 an einem Modell-Beispiel.

Hierbei wurde dieselbe Fläche wie in Abb. 1 in einzelne, auf Träger aufgeklebte Elemente desselben Materials unterteilt. Eine nennenswerte Richtwirkung ist in diesem Fall nicht mehr vorhanden[2].

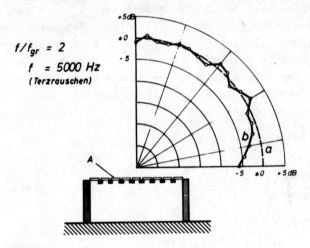

$f/f_{gr} = 2$

$f = 5000$ Hz
(Terzrauschen)

Abbildung 2:
Richtungsverteilung der Schallabstrahlung einer unterteilten Platte. a : berechnet; b : gemessen

---

[2]Die verringerte Abstrahlung parallel zur Plattenoberfläche ist auf den in Abschnitt 3. beschriebenen Kanteneffekt zurückzuführen.

Für die Gesamtemission sind neben Verglasungen und Dächern auch Öffnungen von großer Bedeutung.

Öffnungen in einer Halle zeigen ebenfalls keine nennenswerte Richtwirkung, solange in der Halle ein genügend diffuses Schallfeld vorliegt. Dies zeigt Abb. 3 am Modell-Beispiel eines offenen Tores[3].

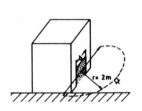 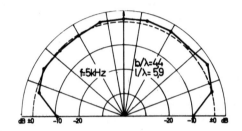

Abbildung 3:
Richtwirkungsverteilung der Schallabstrahlung einer Modell-Toröffnung.

Es erscheint deshalb für die praktische Berechnung der Abstrahlung von Bauteilen und Öffnungen in der Regel nicht notwendig, eine gerichtete Abstrahlung anzunehmen. Dadurch wird die Rechnung wesentlich vereinfacht.

2. Pegelabnahme mit der Entfernung

Für die Pegelabnahme mit der Entfernung ergeben sich mit dem in der VDI-Richtlinie 2571 beschriebenen Rechenverfahren bei ungestörter Ausbreitung folgende zwei Bereiche (siehe Abb. 4):

ein Nahfeld, bei dem der rechnerisch leicht angebbare Schallpegel unmittelbar vor dem Gebäude vorliegt
(Gerade 1): $L_r = L_1 - R' - 4$ dB, und

---

[3]Die verringerte Schallabstrahlung parallel zur Fläche der Öffnung ist auf den Kanteneffekt nach Abschnitt 3 zurückzuführen.

ein Fernfeld, bei dem so gerechnet werden kann, als ob eine punktförmige Schallquelle vorliegen würde

(Gerade 2): $L_r = L_1 - R' - 1\text{o lg} \dfrac{2\pi r^2}{S} - 6$ dB.

Dabei bedeuten:

L_r = Schallpegel im Abstand r
L_1 = Schallpegel im Halleninnern
R' = Schalldämm-Maß des abstrahlenden Bauteils (Öffnungen: R'= 0)
S = Fläche des abstrahlenden Bauteils bzw. der Öffnung
r = Abstand des Beobachters vom Mittelpunkt des abstrahlenden
     Bauteils bzw. der Öffnung

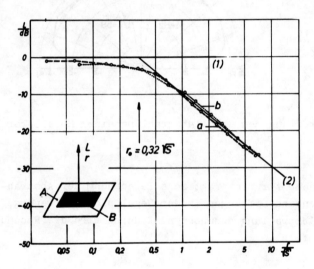

Abbildung 4:
Abhängigkeit des Schallpegels L von der Entfernung r senkrecht
zu einer abstrahlenden Öffnung für zwei verschiedene Querschnitte

In Abb. 4 sind neben den Rechenwerten (Geraden 1 und 2) auch die
gemessenen Schallpegelwerte in Abhängigkeit von der Entfernung für
zwei verschieden große Flächen eingetragen ($S_1 : S_2$ = 1 : 5). Die
dimensionslose Darstellung in Abhängigkeit von $r/\sqrt{S}$ zeigt, daß der
Einfluß der Flächengröße durch das Rechenverfahren gut erfaßt wird.

112

Die Form der abstrahlenden Fläche ist, wie Abb. 5 am Beispiel
zweier gleich großer Öffnungen zeigt, im Bereich des Fernfeldes
ohne Bedeutung. Lediglich bei streifender Abstrahlung (siehe Abb.
5) ist die Form verständlicherweise von Bedeutung, solange man
sich unmittelbar über der abstrahlenden Fläche befindet. Sobald
jedoch diese verlassen wird (Pkt. A bzw. B) findet ein mehr oder
weniger schneller Übergang zu der errechneten Geraden (2) statt.

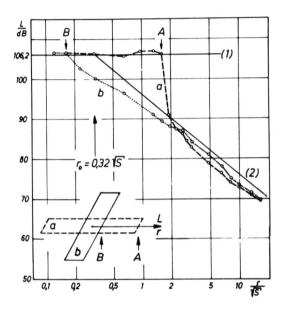

Abbildung 5:
Abhängigkeit des Schallpegels von der Entfernung parallel zu
einer abstrahlenden Öffnung

3. Abschirmwirkungen

Bisher ist eine freie Schallausbreitung bei der Abstrahlung der
Bauelemente vorausgesetzt worden. Im praktischen Fall ist aber
- glücklicherweise - eine solche nicht immer gegeben. Es sind dabei vor allem zwei Fälle wichtig:

Fall 1 : Ein zweites, anderes Gebäude verhindert eine freie Ausbreitung.

Nach den vorgenommenen Messungen gibt das Bestimmungsverfahren von Maekawa die Verhältnisse relativ gut wieder. In Abb. 6 ist dies am Beispiel eines Hauses als Hindernis, an einem Modellversuch gezeigt.

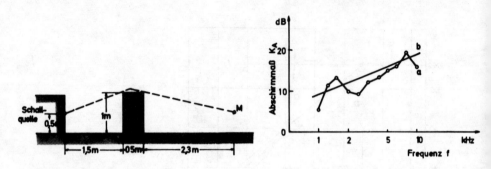

Abbildung 6:

Abschirmmaß K_A in Abhängigkeit von der Frequenz für ein Modell-Gebäude

Fall 2 : Die Fabrikhalle, in die das Bauelement eingebaut ist, steht der freien Schallausbreitung zum benachbarten Wohnhaus selber im Wege.

Auch diese Effekte sind nach den vorgenommenen Untersuchungen rechnerisch ausreichend genau zu erfassen.

Den Einfluß einer Gebäudekante ("Kanteneffekt") auf die streifende Abstrahlung von Schall aus Gebäuden zeigt Abb. 7. Man sieht, daß die Kante A des Gebäudes eine Abschirmwirkung von rd. 5 dB ergibt (Kurve a). In diesem Punkt müßte also der Entwurf der Richtlinie 2571 berichtigt werden.

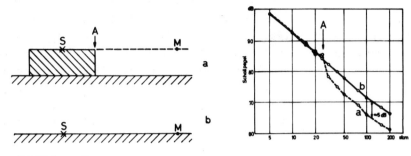

Abbildung 7:

Einfluß einer Gebäudekante auf die Schallausbreitung
S : Schallquelle; M : Mikrofon

Der Verlauf der Abschirmwirkung hinter einem Gebäude ist an einem Modell-Beispiel in Abb. 8 dargestellt. Man sieht, daß die Meßwerte näherungsweise durch die Rechnung erfaßt werden können.
Für weit entfernte Beobachter hinter einem Gebäude ergibt sich fol-
gender asymptotischer Wert für das Abschirmmaß: K_A = 2o dB + 1o lg
$\frac{a}{\lambda}$. Dieser Wert hängt nur noch von der Schallwellenlänge λ und
vom Abstand a der Schallquelle bzw. deren Flächenmitte von den
Gebäudekanten ab, er ist also in jedem Fall rechnerisch sehr einfach zu erhalten.

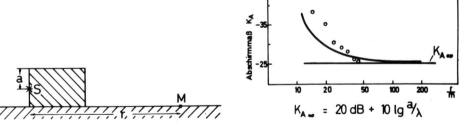

$$K_{A\infty} = 20\ dB + 10\ lg\ \frac{a}{\lambda}$$

Abbildung 8:

Abschirmwirkung hinter einem Gebäude durch das Gebäude selbst
S : Schallquelle; M : Mikrofon

115

Bei den beiden oben gezeigten Modellversuchen wurden wegen des geringeren experimentellen Aufwandes, "punktförmige" Schallquellen verwendet. Aber auch die Richtungsverteilung der Abstrahlung einer Wand eines Gebäudes läßt sich im abgeschirmten Bereich ebenfalls, wie Abb. 9 zeigt, bestimmen. Die vorherberechneten Schallpegelwerte sind in das Diagramm als gestrichelte Kurve eingetragen. Sie wurden aufgrund der Schalldämmung der Modellwand und der für die verschiedenen Richtungen berechneten Werte für das Abschirmmaß ermittelt. Der Vergleich von vorherberechneter und gemessener Pegelverteilung ergibt für alle Richtungen eine gute Übereinstimmung.

Zusammenfassend kann festgestellt werden, daß man in der Regel hinter einem Gebäude in einem weiten Bereich mit einem Abschirmmaß K_A zwischen etwa 2o und 3o dB rechnen kann. Lediglich in unmittelbarer Nähe der Rückfront des Gebäudes ergeben sich wesentlich höhere Werte für das Abschirmmaß.

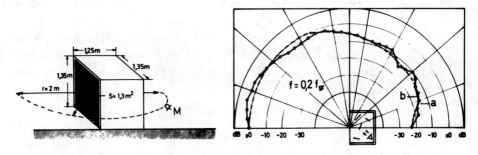

Abbildung 9:
Richtungsverteilung der Schallabstrahlung einer Modellwand

4. Grenzen und Unsicherheiten der Vorherberechnung

Insgesamt scheint das Berechnungsverfahren somit recht gut zu funktionieren. Aber auch hier gibt es, wie bei jedem vereinfachten Rechenverfahren gewisse Grenzen bzw. Unsicherheitsfaktoren bezüglich der Anwendung.

Es sind vor allem der Einfluß der Körperschallanregung auf die Abstrahlung, der Einfluß von Reflexionen oder der Witterung auf die Ausbreitung zu nennen.

1. Einfluß von Körperschallanregung

Eine sichere Vorausberechnung der Schallabstrahlung einer Fabrikhalle ist nur insoweit möglich, als angenommen werden darf, daß die Schwingungen der Wände, Decken, Tore und Fenster nur auf der Luftschallanregung der betrachteten Bauteile beruhen. Bei Messungen an einer Reihe von Fabrikbauten der verschiedensten Art wurde lediglich bei schweren Außenwänden ein starker Einfluß der Körperschallanregung festgestellt. Für eine Vorausberechnung der Schallabstrahlung sollten deshalb, bei zu erwartender starker Körperschallanregung, die hohen Schalldämmwerte von schweren Wänden nicht voll in Rechnung gesetzt werden.

2. Einfluß von Reflexionen

Befindet sich nahe einer Schallquelle eine größere, nicht schallabsorbierende Fläche (Mauer, Häuserfront), so wird von dort Schall reflektiert. Diese Wirkung läßt sich aber näherungsweise durch Berücksichtigung der gespiegelten Schallquelle erfassen.

3. Einfluß der Witterung

Bei Entfernungen größer als 1oo m zwischen Industriebetrieb und Wohnhaus sind auch Witterungseinflüsse wie Wind oder Temperaturinversion von gewisser Bedeutung für die Schallausbreitung.

Abb. 1o zeigt an einem Meßbeispiel die Größe möglicher Abweichungen gegenüber rechnerisch zu erwartender Pegelabnahme (Anm.: positive Werte von D_W bedeuten zusätzliche Dämpfung).

Zur Zeit liegen darüber noch keine allgemeinen anwendbaren Zahlenwerte vor, so daß Witterungseinflüsse unberücksichtigt bleiben oder durch Messung im jeweiligen Fall ermittelt werden müssen.

Zusammenfassend kann festgestellt werden, daß bei sinnvoller Anwendung mit dem im Entwurf der VDI-Richtlinie 2571 beschriebenen Berechnungsverfahren die Schallabstrahlung von geplanten Fabrikhallen mit ausreichender Genauigkeit vorherberechnet werden kann.

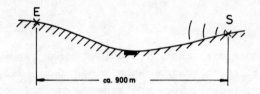

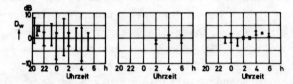

Abbildung 1o:

Witterungseinfluß auf die Schallausbreitung (Meßbeispiel)
D_W = zusätzliche Dämpfung

LITERATUR

1 Redfearn, S. W. : Some Acoustical Source-Observer Problems.
     Phil. Mag.ser. 7, 3o (194o), S. 223 - 236

2 Maekawa, Z. : Noise Reduction by Sreens. Applied Acoustics 1
     (1968), S. 157 - 173

3 Cremer, L. : Theorie der Schalldämmung dünner Wände bei schrä-
     gem Einfall. Ak. Z. 7 (1942) S. 81

PRAKTISCHE ERFAHRUNGEN BEIM NACHBARSCHAFTSSCHUTZ IN DER GROSSINDUSTRIE

von Dr. rer. nat. H. Eschenauer
TÜV Rheinland e.V.

Die vorhergehenden Aufsätze hatten Maßnahmen zur Lärmminderung an Maschinen u.ä. sowie Möglichkeiten der Vorausberechnung der Geräuschimmission bei Neuanlagen zum Thema. Es sollen nun einige praktische Erfahrungen zur Sprache kommen, die der TÜV Rheinland im Bereich der Großindustrie gewonnen hat.

Dabei erstreckten sich die Untersuchungen z.B. auf große Braunkohlenkraftwerke und chemische Großbetriebe.

In solchen großen Industriekompexen befinden sich im allgemeinen gleichzeitig Anlagen, die eingehaust sind, sich also in Bauten befinden, sowie Freianlagen. Alle diese Einzelanlagen emittieren Geräusche. Meist ist es bereits durch Messungen an der Werksgrenze nicht mehr möglich, den Einfluß einer Einzelanlage am Gesamtpegel zu bestimmen, die Kenntnis dieser Einzelpegel ist aber häufig erforderlich.

Einmal werden im Rahmen von Genehmigungsverfahren für Neuanlagen bestimmte Auflagen in Bezug auf die zulässige Geräuschimmission gemacht. Diese Auflagen müssen nach Inbetriebnahme der Anlage überprüft werden. Zum anderen muß bei geplanten Minderungsmaßnahmen die Wirksamkeit der Maßnahmen auf den Immissionspegel in der Nachbarschaft vorher abgeschätzt werden, da bei Großanlagen Minderungsmaßnahmen häufig mit erheblichen Kosten und technischen Schwierigkeiten verbunden sind. Aus diesem Grunde sind vielfach umfangreiche Messungen auf dem Betriebsgelände erforderlich, um den Anteil aller Einzelanlagen am Immissionspegel in der Nachbarschaft erfassen zu können.

Zunächst soll die Beurteilung von geplanten Anlagen für das Genehmigungsverfahren erläutert werden.

Als Grundlage für die Beurteilung einer Anlage dient zunächst die Technische Anleitung zur Lärmbekämpfung, kurz TA Lärm genannt. Sie gibt an, daß Genehmigungen zur Errichtung von Neuanlagen grundsätzlich nur erteilt werden dürfen, wenn

a) die dem jeweiligen Stand der Lärmbekämpfungstechnik entsprechende Lärmschutzmaßnahmen vorgesehen sind und

b) die Immissionsrichtwerte im gesamten Einwirkungsbereich der Anlage außerhalb der Werkgrundstücksgrenze ohne Berücksichtigung einwirkender Fremdgeräusche nicht überschritten werden.

Falls die Immissionsrichtwerte durch die Geräusche der Anlagen überschritten werden - selbst wenn diese dem Stand der Lärmbekämpfungstechnik entsprechen - kann die Genehmigung auch dann erteilt werden, wenn die Einhaltung der Immissionsrichtwerte durch sonstige Maßnahmen sichergestellt wird. Hierunter kann man z.B. organisatorische Maßnahmen verstehen, die bewirken, daß bestimmte Betriebsvorgänge nur zur Tageszeit ablaufen oder zeitlich beschränkt werden. Außerdem fallen hierunter alle sekundären Schallschutzmaßnahmen, wie z.B. die bauliche Ausführung der Betriebsgebäude, Einbau von Schalldämpfern oder Kapselung von Aggregaten.

Zur Prüfung eines Antrages auf Neugenehmigung oder zur wesentlichen Veränderung einerAnlage sollte also zunächst einmal festgestellt werden, ob der Stand der Lärmbekämpfungstechnik an den einzelnen Anlageteilen eingehalten wird. Falls der Gutachter nicht selbst ein Spezialist für die Planung und den Bau der zu beurteilenden Anlage ist, ist er auf die konstruktive Mitarbeit der entsprechenden Betriebsabteilungen angewiesen, falls nicht aus anderen industriellen Bereichen bereits Erfahrungen mit ähnlichen Anlagen oder Anlageteilen vorliegen. Hier sei als Beispiel die VDI-Richtlinie 2713 "Lärmminderung bei Wärmekraftanlagen" angeführt, worin eine Reihe von Einzelaggregaten aus schalltechnischer Sicht beschrieben sind, die auch in anderen Industriebetrieben benutzt werden und deren Geräuschverhalten direkt übertragen werden kann.

Mit Hilfe solcher und ähnlicher Richtlinien kann der vorhandene Stand der Lärmminderungstechnik erfaßt werden und es können Tendenzen zu anderen lärmarmen Verfahren erkannt bzw. angeregt werden.

Weiterhin erhält man aus solchen Richtlinien Anhaltswerte über die zu erwartende Geräuschemission einer geplanten Anlage. Diese Werte bilden die Ausgangsbasis für die Berechnung der zu erwartenden Immissionspegel in der Nachbarschaft.

In den nächsten Abbildungen möchte ich Ihnen dies an einigen Beispielen aus der VDI-Richtlinie 2713 erläutern.

Abbildung 1: Das Bild zeigt das Frequenzspektrum verschiedener Ventilatorentypen sowie eine Formel für die Vorausberechnung des zu erwartenden A-bewerteten Schallleistungspegel aus den Daten der Pressung und Fördermenge.

Aus der Formel läßt sich schon bei der Planung mit einer Genauigkeit von $\pm$ 4 dB abschätzen, mit welchen Schallpegeln gerechnet werden muß. Die Oktavpegel geben Aufschluß über die Frequenzverteilung des Gesamtgeräusches. Die neueste Entwicklung von besonders strömungsgünstig geformten Lüfterblättern für Axialventilatoren in Verbindung mit einer Reduzierung der Drehzahl und Erhöhung der Schaufelzahl läßt hoffen, daß der für diese Aggregate angegebene Korrekturfaktor K = 16 dB(A) auf 6 dB(A) beim Einbau dieser neuen Ventilatoren erniedrigt werden kann.

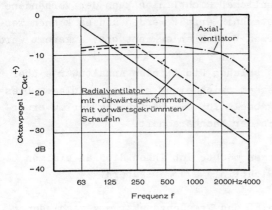

$$L_{PA} = K + 1o \lg \frac{V}{V_o} + 2o \lg \frac{P}{P_o} \quad dB(A)$$

P   Gesamtdruckdifferenz in mm WS

P_o 1 mm WS

V   Luftmenge m^3/h

V_o 1 m^3/h

K   16 dB(A) für Axialventilatoren

K   11 dB(A) für Radialventilatoren mit rückwärts gekrümmten
            Schaufeln

K   5 dB(A) für Radialventilatoren mit vorwärts gekrümmten
            Schaufeln sowie Trommelläufer u.ä.

Oktavspektren für verschiedene Ventilatorbauarten sind in dem
oben dargestellten Bild für Oktavbandbreiten abgebildet.

+) Oktavpegel minus Gesamtschalleistungspegel

Abbildung 1:

Relative Schalleistungsspektren (Oktavbandbreite) von Ventilatoren (VDI 2713)

Abbildung 2: In der nächsten Abbildung ist dargestellt, wie sich
bei großen Rückkühlanlagen der emittierte Schallpegel auf die
einzelnen Frequenzbereiche und auf das Wasser- und Lüftergeräusch
verteilt.

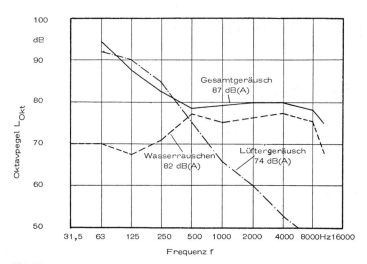

Abbildung 2:

Geräuschzusammensetzung bei einem Ventilatorrundkühler mit einer
Umfanggeschwindigkeit von 60 m/s   (VDI 2713)

Abbildung 3: Der Richtlinie sind aber auch Angaben zu entnehmen,
mit welchen Schallpegeln in verschiedenen Entfernungen von großen
Rückkühlanlagen gerechnet werden muß, d.h. man erhält Angaben über
den zu erwartenden Immissionspegel.

In vielen Fällen liegen jedoch noch keine Richtlinien vor, aus
denen für bestimmte Anlagen und Aggregate die zu erwartenden
Emissionspegel entnommen werden können. In solchen Fällen kann
nur an vorhandenen Anlagen der emittierte Schallpegel gemessen
und daraus auf die Schallemission von Neuanlagen geschlossen werden. Hierbei können sich diese Vergleichsmöglichkeiten natürlich
nur auf einen speziellen Anlagetyp beziehen. Die bei den Messungen gewonnenen Werte bilden die Grundlage für eine Berechnung des
in der Nachbarschaft zu erwartenden Schallpegels. Ein hierbei
verwendetes Rechenverfahren, das bei geschlossenen Bauten üblich

125

ist, wurde im vorhergehenden Vortrag bereits erläutert. Ich möchte daher an dieser Stelle von der Berechnung der Schallabstrahlung einer großen chemischen Freianlage berichten. Die Untersuchung hierüber läuft zur Zeit noch, jedoch sind die bisher gewonnenen Ergebnisse schon so aufschlußreiche, daß ich Ihnen hier bereits einige Ergebnisse mitteilen kann.

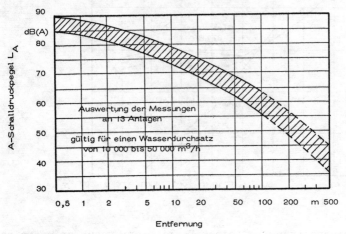

Abbildung 3:
Entfernungsbedingte Pegelabnahme bei großen Rückkühlanlagen (VDI 2713)

Die Anlage liegt am Rande eines großen Industriekomplexes. Für ihre Errichtung wurden von den Behörden Immissionsrichtwerte festgelegt, die an der Werksgrenze, d.h. in einem Abstand von ca. 170 m eingehalten werden sollten. Bei Inbetriebnahme der Anlage zeigte es sich jedoch, daß diese Werte noch nicht erreicht wurden. Es waren also Minderungsmaßnahmen erforderlich. Die Wirksamkeit der Maßnahmen sollte durch Messungen überprüft werden. Da sich die Anlage am Rande des Werksgeländes befindet, läßt sich ihre Schallpegelabnahme über eine größere Strecke meßtechnisch verfolgen. Daher entschloß sich die Werksleitung, das zunächst vorgesehene Meßprogramm zu einem umfangreichen Forschungsprogramm zu erweitern, um Unterlagen über die Schallpegelabnahme bei großen Freianlagen zu gewinnen. Die Untersuchungen werden von uns zusammen mit dem Betrieb sowie der Schallmeßgruppe eines großen Industriekonzerns durchgeführt.

126

Hierzu erfolgten bereits eine Vielzahl von Messungen sowohl im
Nahbereich der Anlage als auch an verschiedenen Punkten in der
näheren Umgebung bis zu einem Abstand von 16o m.

Die gesamte Anlage hat eine Länge von ca. 1oo m und eine Breite
von ca. 4o m. In der Anlage sind die Hauptgeräuscherzeuger bis zu
einer Höhe von ca. 8 m installiert. Es wurde nun in einem Abstand
von 3 m von der Anlagengrenze rund um die Anlage eine Meßfläche
von 15 m Höhe gewählt. Die obere Begrenzung stellt einen Schnitt
in 15 m Höhe über der gesamten Anlage dar. Durch Wahl dieser Meßfläche ist sichergestellt, daß sich alle wesentlichen Geräuscher-
zeuger innerhalb der Meßfläche befinden. Über die gesamte Meßfläche wurden Frequenzanalysen im Bereich der Terzbänder von 63
bis 1o.ooo Hz durchgeführt.

Zur Berechnung wurde die Meßfläche auf der Vorderseite der Anlage
formal in weitere Einzelflächen unterteilt. Dies ist in der folgenden Abbildung zu sehen.

Abbildung 4: Es stellt die vordere Meßfläche mit ihrer Aufteilung in Einzelflächen dar. Der Vorteil dieser Aufteilung wird
später erläutert.

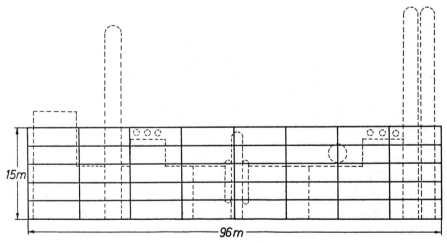

Abbildung 4:
Formale Aufteilung der Meßfläche in Teilflächen

Für jede Einzelfläche wurde nun der Schalleistungspegel bestimmt. Hierunter versteht man die Größe:

$$L_P = L_S + 10 \lg \frac{S}{S_0} \text{ in dB}$$

L_P = Schalleistungspegel
L_S = mittlerer Schalldruckpegel auf der Meßfläche S
S = Meßfläche
S_0 = 1 m^2 - Bezugsfläche

Aus dem Schalleistungspegel erhält man bei Ausbreitung in einem Halbkugelraum (ohne Berücksichtigung von Absorptionen) im Abstand r einen Schalldruckpegel L_r von:

$$L_r = L_P - 10 \lg 2 \pi \cdot r^2 \text{ in dB}$$

Für größere Abstände ist zusätzlich eine Luftabsorption (evtl. auch Bodenabsorption) hinzuzurechnen. Da sich zur Werksgrenze hin in 18 m Abstand von der Anlage ein kleiner Wall befindet, muß dieser für den untersten Teil der Meßfläche durch eine zusätzliche Schallabschattung berücksichtigt werden.

Bei der hier durchgeführten Flächenaufteilung ist bei der Behandlung der oberen Begrenzung die gesamte vordere Meßfläche als schallundurchlässige Wand zu behandeln, da die durch diese Fläche dringende Schallenergie bei der Behandlung der oberen Begrenzung nicht mehr berücksichtigt wird. Die auf der oberen Begrenzung gemessenen Schallpegel werden von Geräuschquellen verursacht, deren Abstrahlverhalten in dieser Höhe bereits Freifeldbedingungen entspricht. Dies konnte durch Messungen nachgewiesen werden. Zur Abschätzung der Schallabschattung für diese Schallquellen wird nun vereinfachend angenommen, daß sie sich alle in 7 m Höhe und 30 m entfernt von der vorderen Meßfläche, die bei der Behandlung der oberen Begrenzung formal als schallundurchlässig angesehen wird, befinden. Mit dieser Annahme werden sicherlich die im unteren Teil der Anlage stattfindenden Reflexionen genügend berücksichtigt.

Die Meßwerte für die Rückseite wurden energetisch gemittelt.
Dieser mittlere Pegel wurde für die gesamte Meßfläche eingesetzt.
Die Abschattung wurde pauschal mit 2o dB für alle Frequenzbereiche
angesetzt.

Die Seitenflächen sind größtenteils mit Gebäuden zugebaut, so daß
ihr Einfluß vernachlässigt werden konnte.

Die Berechnung wurde bisher für 4 Immissionsorte mit den Abständen 15, 5o, 9o und 16o m von der Meßfläche durchgeführt.

Abbildung 5: Die folgende Abbildung zeigt einen Geländeabschnitt
sowie die Immissionsorte, für die die Berechnung durchgeführt
wurden. Die Punkte stellen gleichzeitig Meßpunkte dar.

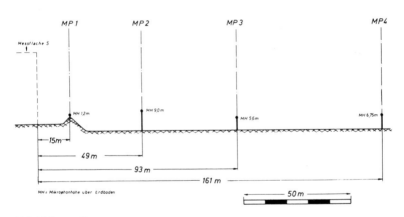

Abbildung 5:
Geländeschnitt mit Meßpunkten

Abbildung 6: Die nächste Abb. zeigt die Ergebnisse der Berechnung.
Im unteren Teil ist nochmals der Geländeschnitt mit den Immissions-
punkten dargestellt. Da die Entfernungsabnahme im logarithmischen
Maßstab dargestellt ist, erscheint die Darstellung verzerrt. Im
oberen Teil ist die berechnete Pegelabnahme in dB(A) aufgezeichnet.

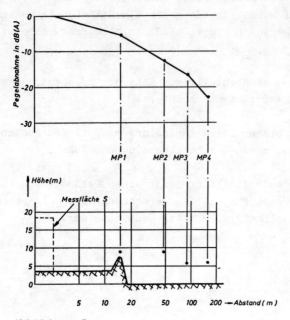

Abbildung 6:
Pegelabnahme mit der Entfernung

Hier zeigt sich nun der Vorteil der formalen Aufteilung der Vorderseite der Meßfläche in kleine Teilflächen. Die einzelnen Teilflächen wirken infolge ihres unterschiedlichen Abstandes verschieden stark auf den Immissionsort in 15 m Abstand von der Meßfläche ein. Die energetische Addition der Anteile aller Teilflächen ergibt exakt den am Meßpunkt Mp 1 ermittelten dB(A)-Gesamtpegel. Die frequenzmäßige Auswertung der Rechenergebnisse ist noch nicht durchgeführt. Auch für die Meßpunkte Mp 2 und 3 muß die Methode der Flächenaufteilung beibehalten werden, um eine Übereinstimmung der Immissionspegel mit den Meßwerten zu erreichen.

Abbildung 7: Die folgende Abbildung stellt einige Meßergebnisse
an den Meßpunkten 3 und 4 dar, die zu einer Zeit ermittelt wurden,
als noch nicht alle Minderungsmaßnahmen in der Anlage durchgeführt waren. Die gestrichelt gezeichneten Linien zeigen die Spektren, die bei Stillstand der Anlage ermittelt wurden. Die ausgezogenen Kurven zeigen den Frequenzverlauf bei Betrieb der Anlage.

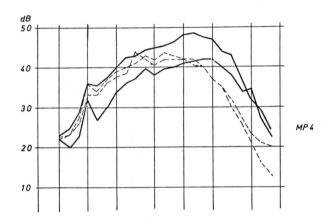

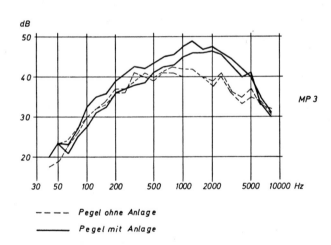

- - - - Pegel ohne Anlage

——— Pegel mit Anlage

Abbildung 7:
Terzspektren an den Meßpunkten 3 + 4

Ohne auf die genaue Auswertung dieser Frequenzkurven einzugehen, möchte ich an diesen Beispielen auf den Einfluß meteorologischer Bedingungen hinweisen. Dieser Einfluß zeigt sich auf dem oberen Diagramm zwischen den beiden ausgezogenen Kurven, die unter verschiedenen Wetterbedingungen gemessen wurden. In einem Abstand von ca. 16o m treten größere Pegelunterschiede auf. Hierbei ist zu bemerken, daß die obere Kurve unter besonders ungünstigen meteorologischen Bedingungen ermittelt wurde, nämlich bei einer Inversionswetterlage. Das Ergebnis, das sich bei der Auswertung dieser Diagramme ergab, ist von besonderer Bedeutung. Der nach dem eben skizzierten Verfahren erhaltene Rechenwert ergibt den Pegel, der bei diesen ungünstigen Witterungsbedingungen gemessen wurde, d.h. er stellt einen Maximalpegel dar. Das gleiche Ergebnis haben wir bei einer Vielzahl anderer Industriebetriebe festgestellt. Der berechnete Immissionspegel stellt immer den Maximalwert dar, der nur bei den ungünstigsten Witterungsverhältnissen erreicht wird.

Diese Witterungsbedingungen sind hierbei jedoch nur sehr schwer zu definieren. Selbst bei Wind vom Emissionsgebiet zum Immissionsort liegen die gemessenen Pegel im allgemeinen tiefer. Es hat den Anschein, daß geringe Windgeschwindigkeiten die Ausbildung ungünstiger Wind- und Temperaturgradienten begünstigen und dann zu diesen hohen Schallpegeln führen.

Das hier an einem Beispiel gezeigte Rechenverfahren ist auch bei geschlossenen Hallen anwendbar. Die Schalleistung eines Bauteils erhält man aus der Formel:

$$L_P = L_A + 1o \ \lg \ ^S\!/\!s_o$$

L_A - Pegel unmittelbar vor der Außenseite des Bauteils.

Setzt man die Fläche S gleich der Fläche einer Halbkugel, d.h. $S = 2 \pi r_o^2$, so ergibt sich für den Schalldruckpegel L_r im Abstand r:

$$L_r = L_A + 1o \ \lg \ 2 \pi r_o^2 - 1o \ \lg \ 2 \pi r^2 = L_A - 1o \ \lg \ \frac{r}{r_o}$$

$$\text{mit } r_o = \sqrt{\frac{S}{2\pi}} = o,4 : \sqrt{S}$$

132

Dies ist die Berechnungsgrundlage der VDI-Richtlinie 2571 "Schallabstrahlung von Industriebauten". Auch bei Bauten hat sich die
formale Aufteilung der Fläche einzelner Bauteile in weitere Einzelflächen als praktikabel erwiesen. Hierdurch ist eine Übereinstimmung des gemessenen Pegels mit dem berechneten Pegel im Nahbereich großer Industriehallen zu erzielen.

Mit der nächsten Abbildung soll die Anwendung des Rechenverfahren
auf einen Industriekomplex gezeigt werden:

Anlage Nr.	Schalleistung dB(A)	Entfernung m	Schalldruck-pegel bei freier Aus-breitung dB(A)	Abschattung und Boden-absorption dB	Luftabsorption dB	Schalldruck-pegel der Einzelanlage am Immissionsort dB(A)
1	124	570	61	6	3	52
2	115	700	50	5	2	43
3	121	720	56	22	5	31
4 - 6	118	730	53	10	3	40
7	120	700	55	15	3	37
8	105	700	40	5	-	35
9	114	730	40	24	3	22
10 + 11	111	360	52	4	-	48
12	110	400	50	15	-	35
13	117	310	59	3	2	54

Gesamtpegel :   57 dB(A)

Berechnung des Immissionspegels aus
der Schalleistung der Einzelanlagen

Abbildung 8:
Berechnung des Immissionspegels aus der Schalleistung der
Einzelanlagen

Abbildung 8: Man sieht in der Tabelle die Zusammenstellung der
Schalleistung von 13 Großanlagen. Die Anlage, die am nächsten am
Immissionsort liegt, hat von diesem eine Entfernung von 310 m,
während die am entferntesten gelegene Anlage einen Abstand von
730 m hat. In der folgenden Spalte der Tabelle ist der Schalldruckpegel am Immissionsort bei freier Ausbreitung angegeben. Die beiden
nächsten Spalten geben die zusätzlichen Pegelabnahme durch Luft-
und Bodenabsorption sowie durch Schallabschattung an. Diese Daten
wurden durch umfangreiche Einzeluntersuchungen ermittelt. Die
letzte Spalte ergibt den Anteil der einzelnen Anlagen am Gesamt-

133

pegel. Auch hier wurde der berechnete Gesamtpegel nur bei ungünstigen meteorologischen Verhältnissen als Maximalpegel am Immissionsort gemessen.

In der Vornorm DIN 18oo5 "Schallschutz im Städtebau" wird in einer
Tabelle die Abnahme des Schallpegels mit dem Abstand vom Rand eines Industriegebietes bei freier Schallausbreitung angegeben.

Die dort angegebenen Werte ergeben sich aus der Formel:

$$\Delta L = 2o \lg \frac{r + r_o}{r_o} = 2o \lg \left(1 + \frac{r}{o,4 \sqrt{F}} \right)$$

Δ L = Pegelabnahme

r = kürzester Abstand vom Rand des Industriegebietes

r_o = o,4 . $\sqrt{F}$; F = Fläche des Industriegebietes.

Diese Formel soll nun auf das vorliegende Beispiel angewendet
werden. Das Werksgelände bedeckt eine Fläche von ca. 72o.ooo m^2.
Hieraus errechnet sich r_o = 31o m. In ca. 3oo m Entfernung vom
Rande des Industriegebietes erhält man nach der Rechnung eine
Schallpegelabnahme von 5 dB(A). Als mittlerer Pegel über das gesamte Industriegelände wurden 67 dB(A) ermittelt, d.h. in 3oo m
Entfernung ist nach dieser Rechnung ein Pegel von 62 dB(A) zu erwarten. Setzt man noch eine Luftabsorption von 2 dB(A) in Rechnung,
so erhält man 6o dB(A). Der Pegel liegt noch immer 3 dB(A) höher
als nach der genauen Analyse ermittelt wurde. Dies ist darauf zurückzuführen, daß sich in diesem Abstand noch die zusätzliche
Schallabschattung der weiter entfernt liegenden Anlagen durch da-
vorliegende Anlagen, sowie Verwaltungs- und Laborgebäude auswirkt.

Ebenso können aber auch höhere Pegel als nach der Formel berechnet
in einem solchen Abstand von einem Industriegebiet gemessen werden;
dann nämlich, wenn sich eine besonders lautstarke Anlage am Rande
des Gebietes in der Nähe des Immissionsortes befindet. Die Anwendung der in der DIN 18oo5 angegebenen Schallpegelabnahme erscheint
für Abstände, für die $r < r_o$ ist, problematisch. Für größere Ab-

stände ergeben sich bessere Resultate. Wendet man die Formel auf
einen Abstand von 3 km an, so ergibt sich unter Berücksichtigung
einer Luftabsorption ein Pegel von 36 dB(A). An einem in dieser
Entfernung liegenden Meßort, an dem im allgemeinen nachts ein
Pegel zwischen 3o und 35 dB(A) herrscht, wurden bei Inversionswetterlage ein Pegel von 4o dB(A) gemessen. Dieser Pegel wurde
sowohl von dem hier betrachteten Industriebetrieb, als auch von
anderen Industriebetrieben sowie einer Autobahn bestimmt. Der
hier angeführte Industriekomplex könnte in diesem Fall mit dem
berechneten Pegel am Gesamtpegel beteiligt gewesen sein.

Die Verhältnisse werden übersichtlicher, wenn man geringere Abstände wählt. Dies soll die Abbildung 9 zeigen:

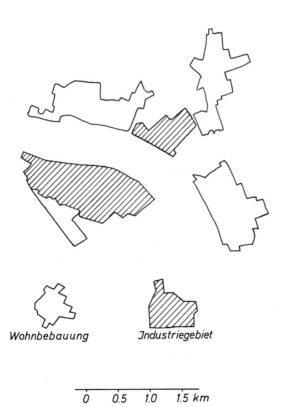

Wohnbebauung   *Jndustriegebiet*

0   0.5   1.0   1.5 km

Abbildung 9:
Lage von Industrie- und Wohngebieten zueinander

Abbildung 9: Die schraffierten Gebiete stellen chemische Industriebetriebe dar. Die anderen Gebiete sind Ortschaften. Das große Industriegebiet hat eine Fläche von ca. 1.4oo.ooo m^2. Hieraus ergibt
sich r_o = 47o m. Das kleinere Gebiet hat eine von Anlagen bedeck-
te Fläche von ca. 23o.ooo m^2 mit einem r_o von 19o m. Es wurden
Messungen in der Umgebung der Industriebetriebe durchgeführt. Ein
Immissionsort lag 6oo m vom Rand des größeren Industriegebietes
entfernt. Der Rand des zweiten Gebietes war 4oo m entfernt. Jedoch
befanden sich in der Nähe des Immissionsortes Häuser, die dieses
Industriegebiet stark abschatteten. Mit Berücksichtigung der Luftabsorption erhält man für das größere Industriegebiet rechnerisch
einen Pegel von 57 dB(A), für das kleinere Gebiet mit Schallabschattung ca. 49 dB(A). Gemessen wurden an verschiedenen Meßtagen
54 - 57 dB(A).

Von einem zweiten Immissionsort war das größte Industriegebiet
1ooo m entfernt, das kleinere 6oo m. Rechnerisch ergibt sich für
jedes Gebiet 52 dB(A), d.h. ein Gesamtpegel von 55 dB(A). Gemessen
wurden 47 - 53 dB(A). Der geringere Wert ist verständlich, da im
allgemeinen je nach den meteorologischen Verhältnissen das eine
oder andere Gebiet den Pegel bestimmt.

Zusammenfassend kann gesagt werden, daß man heute bei großen Industrieanlagen in der Lage ist, sowohl für den Nahbereich als auch
für größere Entfernungen den Immissionspegel einzelner Anlagen
sowie des gesamten Komplexes rechnerisch aus den auf dem Industriegelände ermittelten Schallpegel zu bestimmen.

Es empfiehlt sich bei diesen Rechnungen, nur die sich aus energe-
tischen Betrachtungen ergebende Schallpegelabnahme sowie die Luftabsorption zu berücksichtigen.

Im näheren Bereich sind auch Abschattungen zu beachten. Man erhält
auf diese Weise den Maximalpegel, der nur bei ungünstigsten Witterungsbedingungen auftritt. Setzt man bereits bei der Berechnung
hohe Werte für die Bodenabsorption an, so können bei Inversions-
wetterlagen höhere Meßwerte auftreten, als sie nach der Berechnung
zu erwarten sind. Dies ist verständlich, da bei diesen meteorologischen Verhältnissen eine Rückbeugung der Schallwellen an höheren

Luftschichten erfolgt. In diesem Falle sind die in Bodennähe verlaufenden Schallwellen gegenüber den zurückgebeugten bereits so geschwächt, daß sie auf den Gesamtpegel nur noch geringen Einfluß haben. Die vorherrschende Wetterlage kann in einer gesonderten Betrachtung zusätzlich berücksichtigt werden.